키워드로 풀어 쓴

상대성 이론

이종덕 지음

 북스힐

시공과 빛

저 깊은 암흑 어딘가에서 태어난 한 줄기 빛

쉼 없이 시공을 횡단하며 달려간다.

우주를 꿰뚫고 달려온 그 빛은

그와 꼭 맞는 자리에 내려앉는다.

잠시 다른 모습으로 또 다른 우주로 존재하면서

그렇게 빛은 스스로 질서를 지킨다.

우주는 그렇게 빛을 안고 있다.

프롤로그

시공! 요즘 SF영화의 대표적인 화두다. 얼마 전 개봉한 '인터스텔라'에서 크리스토프 놀란 감독이 블랙홀 주변의 시공을 묘사한 적이 있다. 과학자들이 놀란 이유는 블랙홀의 모습을 과학적으로 그려내는 일이 너무나도 난해하고 어려운 숙제이기 때문에 감히 엄두도 내지 못한 일을 비전문가인 영화감독이 그려냈기 때문일지도 모르겠다. 비록 공상이긴 하지만 영화에서 묘사된 시공의 영상미는 우리의 상상력을 한층 업그레이드시키기에 충분했다. 시간과 공간은 엄연히 서로 다른 개념인데 언제부터인가 '시공'이라는 한 단어로 불리기 시작했던 것 같다. 사실 근년에 비하면 꽤 오래 전의 일이라고 할 수 있지만 아직 우리의 일상 속으로 그리 깊숙이 스며들어 온 낱말은 아니다. 인터스텔라가 개봉되기 얼마 전 '그래비티' 역시 대중을 압도할 만큼 우주의 환경을 잘 그려낸 SF영화의 역작이었다. 그래비티는 무중력 상태인 우주공간에서 벌어지는 사건을 리얼하게 담아낸 영화인데 중력이라는 구속력이 사라진 무한의 우주공간에서 한 인간이 맞이하는 격한 불안을 영상으로 담아냈다. 우여곡절 끝에 지구로 귀환하면서 첫 발을 땅에 내 딛는 순간 지구 중력의 구속력이 주인공을 또 다른 자유와 평온함으로 이끄는 마지막 장면은 아직도 눈앞에 선하다. 중력은 시공의 변형으로 나타나는 겉보기 힘이다. 그래서 시공이 얼마나 휘었느냐가 중력의 세기를 결정한다. 질량이 있으면 그 주위의 시공이 휘기시작하면서 중력이라는 힘을 만들어 낸다. 시공의 장 속에서 펼쳐지는 우주의 대서사시가 우리 인간의 상상력으로 그려지고 그리고 영상으로 다시 우리들 뇌로 되먹임 된다. 그런데 시공을 이야기할 때는 언제나 빛이 등장하거나 광속이라는 단어가 항상 따라 다닌다. 아마 빛이 시공과 관련된 우주의 비밀을 푸는 중요한 열쇠인 것은 틀림없는 사실인 것 같다. 빛이라는 열쇠로 이상한 시공간 나라의 문을 연 장본인이 다름 아닌 저 유명한 아인슈타인이다. 공상과학소설이나 영화에서처럼 우리들의 상상을 훌쩍 뛰어넘는 시공간이 연출하는 스펙터클한 이야기 역시 아인슈타인이 쓴 시나리오이다.

아인슈타인은 빛의 속도, 즉 광속으로 여행할 때 우주가 어떻게 보일지 늘 궁금해 했다. 오랫동안 이 문제의 답을 찾아 헤맨 끝에 아인슈타인은 시간과 공간이 광속 때문에 고무줄처럼 늘었다줄었다 할 수 있다는 사실을 발견하게 된다. 세상 사람들이 생각하는 시간과 공간은 절대적인 것이었는데, 아인슈타인은 이 틀을 부수고 거기에 이상한 시간과 공간, 즉 지금은 상대론적 시간, 상대론적 공간이라고 하는 새로운 틀을 갖다 놓았다. 아인슈타인은 이 새로운 시간과 공간의 틀로 우주를 이해할 수 있는 이론체계를 완성했는데, 그것이 바로 '특수상대성이론'이다. 이 이론에 따르면 광속에 가까운 속도로 달려가면 시간이 천천히 흐르게 되고 또 운동방향의 길이도 줄어들게 된다. 시간과 공간은 절대 변하지 않는다는 것이 상식인데, 속도가 빨라질수록 시간과 공간의 길이가 변하면서 요동을 친다. 시간과 공간이 가만있지 않고 끊임없이 춤을 추는 이상한 나라로 들어갈 수 있는 비밀의 열쇠를 발견한 사람이 아인슈타인이다. 과연 아인슈타인은 어떻게 이 비밀의 열쇠를 찾았을까? 그런데 아인슈타인은 비밀의 문을 여는 것만으로는 만족할 수 없었다. 이상한 나라에서 벌어지는 시공간의 마술을 직접 경험해 보고 싶어 했다. 그것은 바로 시공간의 작동원리를 찾아내는 것이다. 어느 날 아인슈타인은 놀라운 사실을 발견하게 되는데, 그것은 '자유낙하하면 무게가 사라진다. 즉, 무중력상태가 된다.'는 것이었다. 자유낙하하는 물체는 중력이 끌어당기는 방향으로 가속되는데, 중력이 사라졌다? 이 얼마나 놀라운 발견인가. 이 사실로 아인슈타인이 발견한 또 다른 비밀은 중력이 다름 아닌 '시공간의 뒤틀림' 때문에 느끼게 되는 가상의 힘이라는 것이다. 이렇게 아인슈타인은 시공간을 마음대로 조절할 수 있는 또 다른 열쇠를 거머쥐게 되었다. 그 열쇠는 바로 '질량'이다. 질량과 시공간의 관계를 밝힌 이론이 그 유명한 '일반상대성이론'이다. 빛이 별 주위를 지날 때 휘어진 경로를 따라 진행한다던지 블랙홀로 떨어진 빛은 절대로 빠져나올 수 없다든지 또 블랙홀 근처에서는 시간이 거의 흐르지 않는다던지 하는 것은 모두 일반상대성이론이 만들어 낸 이야기들이다. 아인슈타인이 열어젖힌 이상한 나라는 바로 시공간의 마술이 펼쳐지는 그런 곳이다. 빛을 쫓아 여행을 한 최초의 과학자가 발견한 빛과 시공의 이야기! 아인슈타인과 함께 빛의 여정을 따라가며 이상한 나라의 시공간을 지배하는 '상대성이론'의 실체를 한 번 파헤쳐보자.

나는 별을 보면서 빛에 완전히 사로잡혔다. 빛을 좋아하다 햇빛의 고마움도 느꼈다. 이런 고마움 때문에 태양이 어떻게 빛을 만들어 내는지 늘 궁금해 했다. 나는 하늘을 언제나 좋아했다. 그곳에 빛이 있어서 그랬는지도 모르겠다. 늘 푸른 낮의 하늘과 별들로 가득 찬 밤의 하늘을 항상 올려다보며 그렇게 하늘을 좋아했다. 빛으로 가득 찬 하늘을! 빛을 통해 낮의 우주와 밤의 우주를 만날 수 있다. 인간과 전 우주를 연결해 주는 전령사인 빛을 통해 우리는 우주와 만난다. 빛이라는 안내자를 따라 우리의 눈은 대우주를 향해 한다. 빛과 함께 여행을 하면서 인류의 긴 역사는 시작되었다. 지금도, 그리고 미래에도 빛은 우리 인류를 그 어디론가 데리고 갈 것이다. 먼 미래에 우리 인류는 빛을 쫓아서 그렇게 우주의 어느 휴양지를 들릴지도 모를 일이다. 빛은 존재와 무를 가르는 경계선이자 모든 철학의 씨앗이 아닌가 싶다. 그럼 빛이 보여주는 이상한 나라로의 여행을 시작해 보자. 빛은 질량을 가지지 않는 유일한 존재로 광속으로 달리며 우주의 최고 속도의 한계를 정한다. 지금도 빛은 우리 인류를 우주의 또 다른 어느 곳으로 데려가고 있다. 목적지가 어딘지 아무도 모른 채. 광속으로!

저자 씀

차 례

2 특수상대성이론

3 눈으로 보는 상대론, 시공간도표

4 일반상대성이론

1부

시간, 공간 그리고 기준틀

01

우주란?

별들로 가득한 밤하늘을 올려다볼 때면 우주의 무한함에 누구나 우와~하고 감탄사를 내지르게 된다. 끝없이 펼쳐진 광활한 우주 그 자체에 압도되어 가끔씩 멍하니 한참을 바라보곤 한다. 우주가 도대체 무엇인지 또 우주는 무엇에 의해 운행되는지 아니면 우주는 어떻게 탄생했고 어디로 흘러가는지 등등 수많은 의문들이 봇물처럼 터져 나오다가 갑자기 머리가 멍해지면서 아름답게 반짝이는 별들을 보고 있는 우리자신을 발견할 때가 종종 있다. 그러나 변화무쌍한 그 무한의 우주도 사실은 아주 간단히 정의할 수 있다. 우주란 무엇일까? 우주는 '질량을 가진 물질 + 질량을 가지지 않는 빛과 에너지 + 시간 + 공간'으로 이루어져 있다. 이것들이 서로 어우러져 상호작용하면서 끊임없이 변화를 만들어 내며 살아 숨 쉬는 그것을 우리는 우주라고 한다. 우주는 물질과 에너지가 시간과 공간 속에서 뒤범벅되어 변화와 진화를 거듭해 가며 그렇게 존재한다.

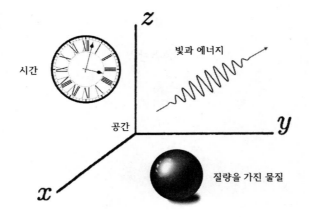

시간

공간

빛과 에너지

질량을 가진 물질

02

시간과 공간의 무대

시간과 공간은 과연 무엇일까? 우리는 언제, 어디서나 시간, 공간과 함께하고 있으며 무의식적으로도 그렇게 믿고 있다. 정말 시간은 무엇이며 또 어디에 있을까? 공간도 마찬가지로 무엇이며, 어디에 있다고 할 수 있는가? 실상 시간과 공간은 실체가 없는 것 같은데, 막상 없다고 하면 자연현상을 기술할 수 없을 뿐만 아니라 일상은 불편함을 넘어 거의 생활할 수 없을 지경에 이를 것이다. 이처럼 시간과 공간은 분명한 형체는 없는 것 같은데 없어서는 안 될 그런 물리량이다. 고대 철학자들로 부터 오늘날의 과학자들에 이르기 까지 시간과 공간의 실체를 찾기 위해 끊임없이 질문을 던져왔다.

　아우구스티누스는 '시간이란 정말 무엇일까? 아무도 묻지 않을 때는 아는 것 같았는데 막상 다른 사람에게 설명하려고 하면 뭔지 모르겠다.'고 했다. 마치 숨을 쉴 때 공기를 느끼지 못하는 것처럼 시간은 늘 우리와 함께 하지만 막상 누구에게 설명할 때면 그 실체가 모호해지는 게 사실이다. 라이프니츠, 푸앵카레 그리고 라이헨바흐 같은 학자들은 시간이라는 것은 필요에 의해 우리가 만든 규약 또는 약속이라고 주장한다. 뉴턴은 좀 더 실제적으로 시간을 정의한다. 뉴턴은 시간이라는 물리량을 과학에 등장시킨 장본인인 동시에 시간이라는 변수, t를 이용하여 역학현상을 기술한 물리학의 거장이기도 하다. 뉴턴은 '시간은 절대적이고 참되며, 수학적인 시간은 본성상 등속으로 스스로 흘러가며, 그 어떤 외적 대상과도 관계하지 않는다.'고 정의했다. 뉴턴은 미적분법을 사용해서 행성이나 천체들의 운동을 미소한 시점들로 나눠 연속적인 양의 변화로 취급할 수 있었는데, 이것을 위해서는 절대적으로 일정하게 흐르는 시간이 필요했다. 그런 시간이 있어야지만 물체들의 운동을 제대로 기술할 수 있는 확고한 기준이 마련되기 때문이다. 예를 들어, 일정한 속도로 운동하지만 속도가 서로 다른 두 물체가 있다고 하자. 속도의 절대기준은 무엇인가? 바로 시간이다. 두 점 사이를 이동하는 데 걸린 시간의 차이가 속도를 결정하게 된다. 그런데 시간이 이 물체, 저 물체에 따라 각기 다른 기준으로 흘러간다면 두 물체의 속도를 비교하는 것 자체가 무의미해 진다. 따라서 자연현상을 일관되게 기술하기 위해서는 어디서든 항상 일정한 빠르기로 흐르며 주위의 그 어떤 것과도 상호작용하지 않는 독립적인 시간이 반드시 요구된다. 뉴턴은 이런 시간을 '절대시간'이라고 정의했다. 뉴턴은 절대시간을 이용하여 천체의 운동은 물론 역학체계를 완벽하게 기술할 수 있었다. 여기서 중요한 것은 절대시간을 측정하여 정량화하는 것이다. 절대시간은 일정한 간격, 일정한 속도 또는 일정한 흐름을 가진 대상을 통해서 정의할 수 있는데, 어떤 대상을 이용해서 절대시간을 정량화할 수 있을까?

인간이 처음 발견한 대상은 태양을 포함한 천체들의 규칙적인 운동이었다. 특히 태양은 어김없이 1년을 주기로 똑같은 시운동을 끊임없이 반복하기 때문에 절대시간의 후보로 손색이 없다. 태양의 주기적인 운동을 이용하여 시간을 정량화한 장치가 바로 해시계다. 인간이 발명한 최초의 시계다. 하지만 해시계는 낮에만 작동하는 문제, 계절에 따라 그리고 위도에 따라 낮의 길이가 달라지는 문제 등으로 인해 뉴턴이 원하는 절대시간의 기준이 될 수 없었다. 해시계 이후로 물시계, 모래시계 등 다양한 시계들이 등장했지만 오차 없이 일정한 흐름을 얻어내는 데는 실패했다. 절대시간을 정량화할 수 있는 장치는 일정한 흐름을 지속적으로 유지해야 된다. 호이겐스의 진자시계 발명과 기계식 시계의 등장은 절대시간의 실현을 가능하게 했다. 이로서 해시계, 물시계, 모래시계 등은 역사 속으로 사라지게 되었다. 기계식 시계의 규칙성은 뉴턴이 요구한 절대시간의 기준을 제공해 줄 수 있는 이상적인 장치였다. 이렇게 기계식 시계의 등장은 절대시간을 측정 가능한 실제적인 물리량으로 만들었다.

공간은 또 무엇인가? 텅 비어 있는 것이 공간인데 이것을 어떻게 설명해야할까? 텅 비어 있으니 그 무엇으로 설명하기가 역시 난감하다. 그래서 공간을 이야기할 때는 반드시 물체를 먼저 떠 올린다. 물체가 채우고 있는 영역에 대비되는 나머지 영역을 공간으로 생각하는 것이 보통이다. 물체와의 관계를 통해 설명하면 그나마 공간의 실체가 드러나 보이기 때문이다. 하지만 여전히 공간의 실체가 무엇인지 그리고 공간은 물체와 관계없이 독립적으로 존재하는 것인지 아니면 물체와 끊임없이 상호작용하고 있는지 등에 대한 의문은 여전히 남아있다. 뉴턴은 공간을 어떻게 생각했을까? 뉴턴은 공간 역시 시간처럼 모든 물체와 독립적으로 존재한다고 주장했다. 공간에 독립성, 즉 절대성을 부여했다. 뉴턴은 이런 공간을 '절대공간'이라고 불렀다. 절대공간은 균질성과 등방성이라는 특성을 가지고 있는데, 직선운동 하는 물체가 공간으로부터 아무런 영향을 받지 않을 때 그런 공간을 '균질'하다고 한다. 마찬가지로 회전하는 물체가 공간으로부터 아무런 영향을 받지 않을 때 그런 공간을 '등방적'이라고 한다. 공간의 '균질성'과 '등방성'은 다음과 같이 정리할 수 있다.

(1) 공간의 균질성

만약 텅 빈 공간을 지날 때 방향이 바뀐다면, 힘을 느끼면서 운동하고 있다는 것을 알 게 된다. 하지만 이런 공간은 아직까지 발견된 적이 없다.

우주공간은 텅 비어 있어서 아무런 영향을 끼치지도 않고 그 어떤 변화도 만들지 않는다. 이것이 보통의 우주공간이다. 이런 성질을 "균질 하다."고 한다.

공간의 한 부분

전 우주공간은 직선운동에 아무런 영향을 끼치지 않는다.

(2) 공간의 등방성

시계 방향으로 회전할 때와 반시계 방향으로 회전할 때, 키나 질량에 어떤 변화가 생기면 이것을 이용해서 우리는 상대가 없어도 운동하고 있었는지 정지하고 있었는지 결정할 수 있다. 하지만 이런 공간은 아직까지 발견된 적이 없다.

전 우주공간은 회전방향에 대해 아무런 차이를 보이지 않는다. 지금까지의 연구결과는 회전방향이 달라도 아무런 변화가 없다는 것을 증명하고 있다. 우주공간의 이러한 성질을 "등방성"이라고 한다.

전 우주공간은 회전운동에 대해 아무런 영향을 끼치지 않는다.

절대공간 역시 절대시간과 함께 뉴턴역학에서는 자연현상을 기술하는 절대기준을 제공한다. 뉴턴이 바라 본 천체나 물체의 운동은 모두 절대시간과 절대공간으로 이루어진 무대에서 펼쳐지는 자연의 드라마였던 것이다. 절대공간은 또 절대기준을 가지기 때문에 이 무대에서는 물체의 운동을 스스로 결정할 수 있다. 절대기준에 대한 운동을 '절대운동'이라고 하는데 절대공간에서는 우주 어딘가에 기준점이 있기 때문에 이것이 가능하다고 뉴턴은 주장한다. 절대기준의 진위여부는 차차 알아보도록 하고 여기에서는 뉴턴의 역학체계가 절대시간과 절대공간의 무대 위에서 완성되었다는 정도만 알아두자. 전 세계는 지금도 시간과 공간의 척도를 하나로 통일해서 사용하고 있다. 1초와 1미터는 전 세계 어느 나라에서나 똑같다. 이것이 곧 절대척도, 즉 절대시간과 절대공간을 대표한다고 할 수 있다.

우리는 뉴턴이 마련해준 절대시간과 절대공간의 무대에서 벌어지고 있는 수없이 많은 공연을 봐 왔으며 지금도 매일 보고 또 경험하고 있다. 일상에서 만나는 모든 사건들이 절대공간, 절대시간으로 정의된다. 여기, 저기 심지어 저 먼 우주 어느 곳에서나 1초와 1미터는 똑같다. 우리 모두는 지금도 하나의 시간과 공간 척도로 전 우주를 바라보고 있으며, 뉴턴과 같은 눈으로 세상을 이해하고 있다. 하지만 20세기의 여명과 함께 시간과 공간에 대한 뉴턴의 주장을 송두리째 흔들어 놓은 학자가 나타났다. 바로 아인슈타인이다. 아인슈타인에 따르면 시간과 공간은 더 이상 절대적이지 않고 관측자나 물체의 운동 상태에 따라 늘어나기도 또 줄어들기도 한다고 주장했다. 시간은 더 이상 일정하게 흐르지 않고 관측자의 운동 상태에 따라 흐름이 달라질 수 있으며, 공간의 척도 또한 상대운동에 따라 변할 수 있다는 것이다. 이런 시간과 공간을 '상대시간', '상대공간'이라고 한다. 아인슈타인은 뉴턴의 절대시간과 절대공간의 틀을 버리고 상대시간과 상대공간으로 꾸민 새로운 무대를 설치하고, 그 무대 위에서 펼쳐지는 모든 공연을 재해석하기 시작했다. 뉴턴의 무대에서는 상상할 수 없었던 이상한 공연들과 함께 뉴턴이 봤던 공연들도 여전히 펼쳐지고 있었다. 아인슈타인은 이 모든 공연을 상대시간과 상대공간의 틀로 해석하여 완전히 새로운 이론체계를 완성했다. 바로 '상대성이론'이다. 절대적이라고 믿었던 시간과 공간의 틀을 관측자의 운동 상태에 따라 달라지는 상대적 시간과 상대적 공간의 틀로 대체시켜 세계관 나아가 우주관의 일대 혁명을 이뤄냈다.

절대시간, 절대공간에 익숙해져 있고, 또 이 무대에 서있는 우리들은 마치 고무줄처럼 늘어나기도 하고 줄어들기도 하는 상대시간과 상대공간을 받아들인다는 것이 그리 쉬운 것은 아니다. 그리고 상대성이론이 지배하는 세계에서는 시간과 공간이 서로 얽혀있어 우리를 한층 더 혼란스럽게 만들 것이다. 상대성이론을 이해하는 과정이 조금은 힘든 여정일 수 있지만 신기한 볼거리가 많으니 그런대로 재미있는 여행이 되지 않을까싶다. 새로운 시공간 무대에서는 어떤 신기한 현상들이 펼쳐지고 있는지 아인슈타인의 발견의 여정을 따라 우리도 여행을 시작해 보자.

03

1초와 1미터

현재 우리들이 사용하고 있는 시간과 공간은 도대체 어디서부터 시작되고 어떻게 정의되는지 한번 알아보자. 여기서 우리가 다루는 시간과 공간은 물리적 실체, 즉 측정이 가능한 물리량들이다. 먼저 텅 빈 공간에 물체가 하나 놓여 있다고 하자. 이 물체는 아래 그림과 같이 오른쪽으로 운동하고 있다. 우리가 볼 수 있는 것은 공간에서의 물체의 위치변화뿐이다.

공간은 이렇게 물체가 놓여 있거나 위치의 변화를 통해 자연스럽게 드러난다. 공간은 균질하고 등방적이기 때문에 물체 자체나 물체의 운동에 아무런 영향을 끼치지 않는다. 이제 여기에 태양을 한 번 초대해 보자. 태양의 역할은 무엇일까? 태양의 주기적인 겉보기운동은 절대시간의 성질을 고스란히 가지고 있어 시간을 정량화할 수 있는 기준을 제공할 수 있을 것으로 기대된다.

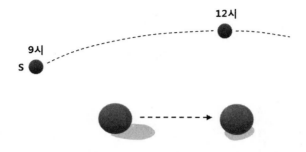

　일정한 속도로 이동하는 태양의 각 위치에 숫자를 하나씩 대응시켜 보자. 이 숫자가 바로 우리들이 시간이라고 부르는 것이다. 그림에는 9시와 12시가 표시되어 있다. 이렇게 태양의 위치가 곧 시간의 기준이 된다. 밤과 낮 그리고 계절의 영향을 받지 않고 항상 주기적으로 일정하게 흐르는 시간을 측정하기 위해 태양을 기계식 시계로 바꿔놓자. 시침의 위치가 곧 태양의 위치와 같고, 그것이 곧 시각을 나타낸다.

　일정한 빠르기로 영원히 돌아가는 시침을 곁에 두고 물체는 공간속을 이리저리 운동한다. 시간의 흐름과 무관하게 물체는 공간에 가만히 정지해 있거나 운동할 뿐이다. 운동과 독립적으로 존재하는, 즉 사건과 독립적으로 존재하며 항상 일정한 간격으로 흘러가는 시간, 바로 뉴턴이 도입한 '절대시간'이다. 물체의 위치변화로 다시 돌아가 보자. 이제 물체는 항상 시간과 함께 존재한다. 몇 시에 어

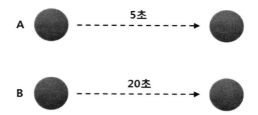

디에서 출발해 몇 시에 어디에 도착했다. 공간에서의 위치변화와 시간의 변화가 한꺼번에 측정된다. 공간에 대한 정보와 시간에 대한 정보를 동시에 알면 빠르기, 즉 속도를 정의할 수 있다. 속도는 위치변화를 시간변화로 나눈 물리량이다. 속도를 좀 더 구체적으로 살펴보자. 두 점 사이를 이동한 거리는 같은데 경과시간이 서로 다른 두 물체가 있다. 이때 두 물체의 경과시간은 각각 5초와 20초다.

우리는 이런 경우 A가 B보다 빠르다고 한다. 절대시간으로 시간을 측정하기 때문에 빠르기를 비교할 수 있다. 이렇게 시간이 있어야지만 속도가 의미를 가질 수 있다. 마찬가지로 속도변화를 시간변화로 나누면 가속도를 얻을 수 있고 또 가속도는 힘에 비례하기 때문에 결국 시간을 통해 모든 물리량들이 정의된다는 것을 알 수 있다. 이것이 시간의 역할이며, 모든 변화의 기준이 된다.

그럼 시간간격이 길다거나 짧다고 하는 것은 물리적으로 어떤 의미를 가지는지 한 번 알아보자. 10이라는 크기의 힘을 1초 동안에 모두 소비하는 경우와 10초에 걸쳐 천천히 소비하는 경우 어떤 차이가 있을까? 10명이 한꺼번에 물체를 미는 경우와 한 명씩 바통을 이어가며 10사람이 미는 경우와 같다. 결과는 가속도의 차이다. 가속도는 속도변화인데 변화는 시간으로 정의되기 때문에 가속도 역시 시간이 없으면 정의되지 않고 그래서 힘도 마찬가지다. 자동차의 출력과 시간과의 관계도 한번 따져보자. 자동차의 속도를 결정하는 것은 무엇일까? 당연히 엔진의 출력이다. 그럼 엔진의 출력은 또 무엇이 결정할까? 그것은 바로 연료를 얼마나 많이 그리고 빨리 연소하느냐에 달려있다. 연료의 연소율이 바로 자동차의 속도와 가속도를 결정한다. 연소율은 시간으로 정의되며 단위 시간당 엔진 속에서 연소되는 연료의 양과 같다. 결국 엔진의 출력도 시간을 통해서 정의된다는 것을 알 수 있다. 모든 변화는 시간을 기준으로 정의되기 때문에 모든 물체의 운동은 항상 시간과 공간을 동반한다. 이렇게 시간과 공간은 모든 운동의 무대가 된다. 이 모든 공연을 지켜보는 관객으로서 우리는 관측자가 되며, 시간과 공간의 크기는 관측자에 의해 측정되고, 또 모든 공연의 평가도 관측자들에 의해 이루어진다.

관측자는 절대시간을 제공하는, 즉 스스로 일정하게 흘러가며 전 우주 곳곳에 스며들어 있는 절대시계를 들고 물체들의 운동을 해석한다. 절대시간의 기준을 마련하기 위해 인류가 발전시켜 온 시계들을 보면 해시계를 시작으로 물시계, 모래시계, 기계시계 그리고 전자시계, 원자시계, 또 빛을 이용한 광자시계 등이 있다. 공간적 변화 역시 과거에 비해 훨씬 정밀하고 정교한 잣대를 이용하여

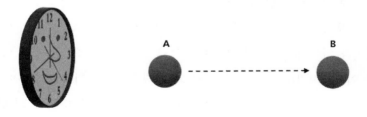

측정한다. 국제표준단위계에서는 시간과 공간의 기본척도인 1초와 1미터를 다음과 같이 정의한다. 1초는 질량수 133인 세슘(^{133}Cs)의 특정한 두 에너지준위 차에 해당하는 전자기파가 9,192,631,770번 진동하는데 걸리는 시간으로 정의하고 있으며, 그리고 1미터는 진공에서 빛이 1/299,792,458초 동안 진행한 거리로 정의한다. 시간과 공간의 무대는 이렇게 준비되었다. 시간과 공간의 무대에서는 과연 어떤 일들이 벌어지고 있을까? 가장 단순한 운동부터 하나씩 알아가 보자.

04

아리스토텔레스의 운동학

주변을 둘러보면 모든 것이 변하고 있다. 변화는 우리를 불안하게 하는 동시에 한편으론 호기심을 불러일으키기도 한다. 변화를 보면서 원인과 목적을 생각하기도 한다. 이런 이유로 우리는 변화에 늘 촉각을 곤두세우며 또 항상 관심을 기울인다. 자연의 가장 단순한 변화는 운동이라는 형태를 통해 나타나는데, 이런 운동을 논리적으로 설명한 최초의 철학자가 그 유명한 아리스토텔레스다. 아리스토텔레스는 운동을 '자연적 운동'과 강제적 운동'으로 구분했다. 자연적 운동은 외부로부터 아무런 힘을 받지 않고 자연의 이치에 따라 스스로 운동하는 것으로 연기가 위로 올라가거나 무거운 물체가 아래로 떨어지는 것 등이 여기에 해당된다. 가만히 정지하고 있는 것도 자연적 운동이라 할 수 있다. 이것과 달리 외부의 힘에 의해 운동하는 것을 강제적 운동이라 한다. 활로 화살을 쏘는 것, 손으로 돌을 던지는 것, 마차를 밀어 움직이게 하는 것 그리고 포사체가 포물선운동을 하는 것 등이 여기에 속한다. 그 당시 아리스토텔레스는 중력이나 부력을 알지 못했기 때문에 연기의 상승이나 무거운 물체의 낙하와 같은 운동을 자연의 이치에 따르는 운동으로 정의하여 원인을 따로 찾지 않고 자연적 운동으로 이해했다. 그 이외 모든 운동은 힘을 필요로 하는 강제적 운동이라고 생각하고 힘의 원천과 그에 따른 운동을 논리적으로 해석하고자 했다. 운동의 원인으로 힘이 필요하다는 생각은 아주 자연스럽다. 하지만 강제적 운동에는 해결해야 될 심각한 문제가 하나 있었다. 힘을 받는 물체가 운동하는 것은 당연한데, 힘으로부터 벗어난 물체가 계속 운동하는 이유를 설명할 수 없었다는 것이다. 화살의 운동도 마찬가진데 활 시위로부터 힘을 받을 때는 운동하는 것이 당연하지만 활을 떠난 화살이 계속 날아가는 이유에 대해서는 명확한 설명이 필요했다. 이것이 바로 '아리스토텔레스의 화살'로 유명해진 문제이다. 이것에 대한 아리스토텔레스의 설명은 이렇다. '자연은 진공을 싫어한다.'는 전제로부터 출발, 화살이 달려가면서 앞쪽의 공기를 가르며 진행할 때 화살 뒤쪽에는 순간적으로 진공인 영역이 생기게 되고 자연은 진공을 싫어하기 때문에 주위 공기가 급히 진공 부분을 채우기 위해 유입되면서 화살 뒤쪽을 밀어붙여 화살이 계속 날아갈 수 있도록 힘을 제공한다는 것이다. 증명되지 않은 전제로 시작된 운동의 해석! 논리적 시도는 높이 살만 하지만 실험이 결여된 주장이 좀 아쉽긴 하다.

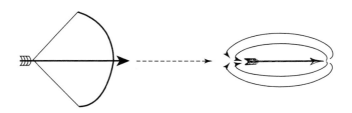

하지만 아리스토텔레스의 주장은 거의 2세기 동안 진리의 자리를 굳건히 지켰다. 이것 외에도 무거운 물체가 가벼운 물체보다 더 빨리 낙하한다는 주장 역시 아리스토텔레스의 자연적 운동에 대한 해석으로 2세기 동안 모든 사람들이 받아들였던 불변의 사실이었다. 갈릴레오 갈릴레이가 역사에 등장하기 전 까지는 아리스토텔레스의 운동학은 세상의 진리였으며 일반상식이었다. 결론적으로 아리스토텔레스에게 있어서 운동은 반드시 힘을 동반해야만 한다. 즉, '힘 = 0 → 속도 = 0, 힘 ≠ 0 → 속도 ≠ 0'이다. '운동의 원인으로 항상 힘이 존재해야 한다.'는 것이 아리스토텔레스 운동학의 결론이다.

05

갈릴레오의 운동학과 관성

수레 위에 쇠구슬 하나가 놓여 있다. 수레를 재빨리 끌어당기면 쇠구슬은 반대방향으로 구른다. 일정한 속도로 달리는 수레 위에도 쇠구슬이 하나 놓여 있다. 이번에는 달리던 수레가 갑자기 멈춘다. 그 순간 쇠구슬은 수레가 달려가던 방향으로 굴러가기 시작한다. 쇠구슬이 이렇게 운동하는 것은 쇠구슬이 가진 '관성' 때문인데, 관성은 물체가 자신의 운동 상태를 유지하는 성질이다. 우리는 일상에서도 흔하게 관성을 경험하는데, 자동차나 엘리베이터가 출발하거나 멈출 때도 쇠구슬과 똑같은 상황을 겪게 된다. 갈릴레오는 정지한 물체는 계속 정지해 있으려 하고 또 운동하던 물체는 계속 운동을 유지하려는 관성을 가진다는 사실을 발견했다. 그리고 정지하고 있는 물체를 움직이거나 이미 운동하고 있는 물체의 속도를 변화시킬 때만 힘이 필요하다는 것도 실험을 통해 발견했다. 갈릴레오가 발견한 결과를 실험을 통해 한 번 확인해 보자.

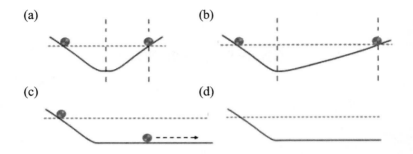

  먼저 마찰이 없는 비탈면을 이용하여 쇠구슬을 운동시킨다. a)의 경우 운동을 시작한 쇠구슬은 반대편 비탈면의 같은 높이까지 올라간 후 다시 원래의 위치로 돌아온다. 마찰이 없기 때문에 아마 영원히 이 운동을 반복할 것이다. b)의 경우는 a)에 비해 오른쪽 비탈면의 기울기가 좀 더 완만하다. 이 경우에도 쇠구슬은 오른쪽 비탈면을 따라 올라가다가 출발점의 높이와 같은 위치에 도달한 후 다시 원래 위치로 돌아온다. 그런데 a)와 b)를 비교해 보면 수평이 동거리가 서로 다르다는 것을 알 수 있다. b)가 a)보다 이동거리가 더 길다. 왜 이런 차이가 나는 것일까? 더 멀리 가기 위해서는 더 많은 힘이나 에너지가 필요할 것 같은데 두 경우 모두 쇠구슬은 같은 높이에서 출발했고, 속도도 똑같다. 그럼 도대체 무엇이 더 멀리 가게 만든 것일까? 우리가 모르는 뭔가가 더 작용했을까? 이런 물음들이 자연스럽게 떠오른다. 일단 갈릴레오의 실험을 계속 따라가보자. 갈릴레오는 b)의 경우보다 기울기가 좀 더 완만한 비탈면을 준비하고 같은 조건으로 쇠구슬을 굴렸더니 훨씬 더 멀리 간 다음 원래 위치로 돌아오는 것을 발견했다. 출발조건이 똑같았는데 역시 더 멀리 이동했다. 이런 실험결과를 바탕으로 갈릴레오는 '만약 비탈면의 기울기가 점점 작아지면 물체는 점점 더 멀리 간 다음 원래 위치로 돌아오지만 기울기가 0이 되면 영원히 일정한 운동을 유지하면서 다시는 돌아오지 않을 것이다.'라고 예측했다. 그래서 c)와 같이 왼쪽 비탈면의 기울기를 0으로 만든 다음 쇠구슬을 굴렸더니 비탈면을 떠난 쇠구슬은 다시 돌아오지 않았다. 이 실험을 통해 갈릴레오가 발견한 것이 바로 '관성'이며, '일정한 속도를 유지하는데 더 이상 힘은 필요 없다.'는 결론에 도달했다. 아리스토텔레스의 주장에 따르면 모든 운동에는 반드시 힘이 필요하다. 하지만 갈릴레오는 힘이 없어도 운동을 지속할 수 있다는 사실을 발견한 것이다. 아리스토텔레스의 권위를 갈릴레오의 진리가 자리를 대신하게 되었다. 관성의 발견은 운동의 일대 혁명이며 그 혁명의 바탕에는 진리를 찾기 위해 끊임없이 실험을 수행한 갈릴레오의 개척자적 열정이 있었다. 갈릴레오의 비탈면 실험을 힘과 가속도로 다시 해석해보자. 비탈면의 기울기가 작으면 운동의 변화도 적고 또 기울기가 크면 운동의 변화도 크다는 것을 알 수 있다. 여기서 운동의 변화는 가속도에 그리고 기울기는 가속도의 원인인 힘으로 해석할 수 있다. 따라서 가속도가 힘에 비례하는 것을 알 수 있고 기울기가 0인 즉 힘이 작용하지 않을 때는 가속도가 0이 되어 운동 상태의 변화 없이 물체는 자신의 운동 상태를 유지할 수 있다. 이것이 바로 갈릴레오가 발견하고 뉴턴이 정리한 뉴턴역학의 운동 제1법칙 '관성의 법칙'이다. 갈릴레오 운동학을 힘으로 표현하면 '힘 = $0 \rightarrow$ 속도 $\neq 0$'와 '힘 $\neq 0 \rightarrow$ 가속도 $\neq 0$'이다. 즉 '힘이 없어도 운동을 지속 할 수 있다.' 이것이 바로 운동의 본질에 대한 갈릴레오의 위대한 발견이다.

06

갈릴레오의 상대성원리

갈릴레오가 발견한 관성에 의하면 힘이 없어도 물체는 운동이 가능하다. 일정한 속도, 즉 등속운동을 할 수 있다는 의미다. 여기에 더해 힘이 0인 상태가 하나 더 있는데, 바로 정지상태다. 힘이 작용하지 않는 다는 관점에서 등속운동과 정지상태는 물리적 같은 상태라고 할 수 있다.

힘이 작용하지 않기 때문에 두 상태 모두 가속도가 0인 것은 분명하다. 그런데 정지와 등속운동은 겉으로 보기에는 완전히 다른 것 같은데 물리적으로 같다는 것이 무엇을 의미하는지 좀 더 알아볼 필요가 있을 것 같다. 두 상태가 물리적으로 어떤 관계를 가지는지 우선 간단한 실험을 통해 한 번 알아보자. 어떤 사람이 방 안

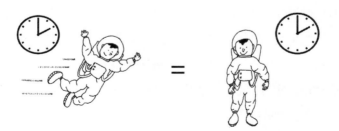

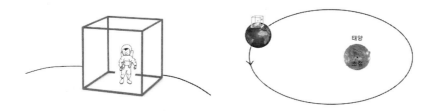

에 앉아 있다고 하자. 우리도 이 사람과 함께 있다고 상상하면서 실험을 진행해 보자. 실험의 목적은 방안에 있는 사람이 정지하고 있는지 운동하고 있는지를 스스로 결정하는 것이다. 무슨 소린지 의아해 할지 모르겠다. 이제부터 지구의 운동을 한 번 떠올려보자. 지구는 거의 초속 30 km 라는 어마어마한 속도로 태양 주위를 공전한다. '지구호'라는 우주선을 타고 있는 우리도 물론 지구와 같은 속도로 태양 주위를 공전하고 있다.

다시 방안으로 눈을 돌려보자. 눈을 감고 가만히 앉아서 지구가 운동하는지를 한번 느껴보자. 어떨까? 당연히 아무런 진동이나 그어떤 요동도 느낄 수 없다. 그저 가만히 정지하고 있는 자신을 발견할 뿐이다. 실제로 우리는 지구와 함께 운동을 하고 있지만 운동을 전혀 느낄 수 없다. 어떻게 하면 방안에서 지구가 운동한다는 사실을 증명할 수 있을까? 지구 밖을 보면 지구의 운동을 쉽게 확인할 수 있지만 우리는 방안에서 이 문제에 대한 해답을 찾아야만 한다. 결과가 어떨지 궁금한데, 이 문제에 대한 갈릴레오의 대답을 한번 들어보자. 정지와 등속운동의 관계를 밝히기 위해 갈릴레오가 실험을 하나 제안했는데 바로 '갈릴레오의 배'라 불리는 유명한 사고실험이다.

15~16세기까지만 해도 천동설을 믿고 있던 사람들이 지동설을

주장하는 사람들에게 던진 질문이 하나 있다. 그것은 '만약 지구가 운동한다면, 위로 던진 물체는 지구의 운동 때문에 던진 사람의 뒤쪽에 떨어져야 하는데 언제나 던진 사람에게로 다시 되돌아오는데 그 이유가 무엇인가?'라는 것이다. 지동설을 주장하는 사람들은 반드시 이 물음에 대한 해답을 내 놓아야만 했다. 1632년 갈릴레오는 '두 개의 주된 우주체계에 관한 대화'에서 '갈릴레오의 배'라는 사고실험을 제안했다. 이 실험을 살펴보면 여기에 등장하는 배는 등속으로 항해 중이며 승객들은 배의 흔들림을 거의 느낄 수 없다. 마치 시속 800 km로 달리는 비행기에 타고 있는 것과 같은 상황이다. 마치 우리가 방에 앉아있는 것과 꼭 같은 상황이라고도 할 수 있다. 이제 배 안에서 여러 가지 실험을 수행해 보자. 물체를 떨어뜨리기도 하고 위로 던져보기도 하고, 물을 낙하시키기도 하고 공을 굴려보기도 한다.(a) 같은 실험을 항구에 정박해 있는 배에서

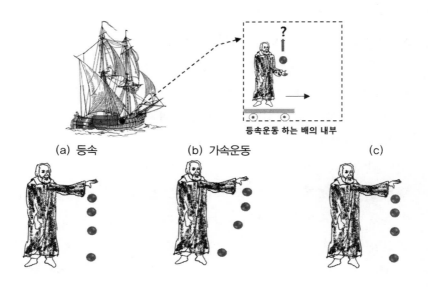

등속운동 하는 배의 내부

(a) 등속   (b) 가속운동   (c)

도 똑같이 수행한다.(c) 그리고 배가 가속되는 상황에서도 똑같은 실험을 수행한다.(b)

a)와 c)의 결과들을 비교해 보면 아무런 차이를 느낄 수 없다. 하지만 배가 가속되고 있는 b)의 경우는 모든 현상들이 a), b)와 다르다는 것을 알 수 있다. 이 실험에서 유일한 차이는 (a)와 (c)에는 힘이 작용하지 않지만 (b)는 힘을 받고 있다. 힘이 작용하지 않는 (a)와 (c)에서는 모든 현상들이 같은 결과를 보이지만 힘을 받아 가속되는 (b)에서는 관성력 때문에 모든 현상들이 두 경우와 확연히 차이가 난다. 힘의 작용 여부에 따른 차이는 있지만 힘이 작용하지 않을 때는 모든 상황이 똑같다는 것을 알 수 있다. 갈릴레오의 배 문제를 통해 발견한 결과는 다음과 같이 정리해 볼 수 있다.

> '정지상태(c)와 등속운동상태(a)에서는 모든 물리법칙이
> 똑같이 만족하기 때문에 이들 두 상태는 물리적으로 구분할
> 수 없을 뿐만 아니라 완전히 같은 상태이다.'

갈릴레오의 배 문제로 발견한 사실은 정지와 등속을 구분할 수 없다는 것이며, 이것이 바로 갈릴레오의 '상대성원리'다. '방안의 문제'에서 우리 스스로 지구의 운동을 증명하지 못하는 문제가 결국 상대성원리로 해결 되었다. 즉, 정지와 등속을 구분할 수 없기 때문에 발생한 문제였다. 지동설이 받아들여지기까지 거의 2000년 이라는 긴 세월이 걸린 이유 또한 상대성원리에 있다. 상대성원리에 따르면 지구의 운동을 증명할 수 없지만 그런데도 불구하고 지동설을 밝힐 수 있었던 것은 지구 밖에 있는 천체들의 상대운동을 이용

할 수 있었기 때문이다. 천동설에서 지동설로 우주관이 바뀔 수 있는 기초를 마련했으며 그 결과 과학혁명이라는 인류 문명사의 대전환기를 이끈 배경에 '상대성'이 있었다는 것 또한 놀라운 사실이다. 갈릴레오가 발견한 상대성원리! 이 원리 속에 담겨 있는 의미를 한 번 더 되새겨 보면 '두 상태 사이에는 오직 상대운동만 존재하고 어느 상태가 절대적으로 정지하고 있는지 또는 등속운동하고 있는지 결정할 수 없다.'는 것이다. 아인슈타인이 상대성이론이라고 이름붙인 그 '상대성'이라는 말의 어원이 또한 여기에서 비롯된 것이다.

상대운동과 절대운동

한 우주인이 텅 빈 우주공간에서 일정한 속도로 운동하고 있다. 우주에는 오직 이 우주인만 존재한다고 가정해 보자.

이 우주인은 자신의 운동 상태가 무엇이라고 생각할까? 상대성원리에 따라 등속운동은 정지상태와 같기 때문에 아마도 자신은 정지하고 있다고 확신할 것이다. 그렇기 때문에 운동하고 있다는 사실을 자기 혼자서는 절대 알 수 없는 것이다. 앞 절에서 살펴 본 것처럼 등속운동을 확인하는 유일한 방법은 다른 대상의 존재를 통해서만 가능하다. 즉, 다른 대상에 대한 자신의 상대적 위치변화를 통해 운동을 확인할 수 있다. 이런 운동을 '상대운동'이라고 한다. 이번에는 등속운동하는 우주인이 어떤 은하 근처를 지나간다고 해보자. 오른쪽으로 운동하는 우주인에게는 은하가 왼쪽으로 운동하는

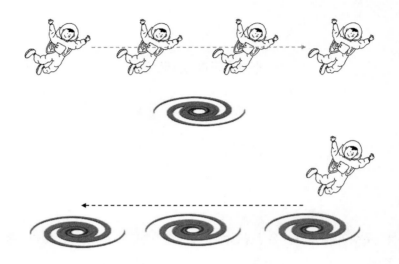

것처럼 보일 것이다. 하지만 은하 관점에서는 우주인이 오른쪽으로 운동하는 것을 보게 된다.

여기서 실제로 운동하는 대상은 우주인일까 아니면 은하일까? 앞서 우리는 갈릴레오의 배 문제를 통해서 등속운동과 정지는 물리적으로 똑같은 상태여서 서로 구분할 수 없다고 했다. 따라서 우주인과 은하는 스스로의 운동에 대해서는 아무런 판단을 할 수 없지만 분명하게 말할 수 있는 것은 '서로에 대해 운동하고 있다.'는 사실뿐이다. 여기서 '서로에 대한 운동'을 '상대운동'이라고 한다. 상대의 도움을 받지 않고는 정말 운동상태를 알 수 없는 것일까? 외부의 그 어떤 도움도 받지 않고 판단할 수 있는 운동을 '절대운동'이라고 한다. 우주인의 경우 은하의 도움을 받지 않고 자신이 운동하고 있다는 사실을 스스로 증명하면 그것이 절대운동이 되는 것이다. 절대운동과 상대운동은 기준을 어디에 두느냐에 차이가 있다.

앞서 살펴 본 것처럼 상대운동의 경우는 상대가 기준이 되지만 절대운동의 경우는 좀 다르다. 절대운동은 상대가 없이 운동상태를 결정해야 되기 때문에 상대와 같은 역할을 하는 뭔가 또 다른 기준이 필요하다. 어쨌든 두 경우 모두 기준이 필요한 것은 마찬가지다. 이렇게 운동의 기준을 제공하는 것이 '기준틀' 또는 '좌표계' 이다. 기준틀은 힘의 작용여부에 따라 두 종류로 구분할 수 있는데, 힘이 0인 관성기준틀과 힘이 0이 아닌 가속기준틀이 있다. 그리고 관성기준틀에는 정지좌표계와 등속운동좌표계가 있다. 가만히 서서 물체의 운동을 기술하거나 일정한 속도로 운동하면서 어떤 물체의 운동을 해석할 때, 우리는 관성좌표계에 있다고 한다. 하지만 엄청난 가속도로 달리는 롤러코스터를 탄 상태에서 바깥에 있는 물체의 운동을 기술하는 경우 관측자는 가속좌표계에 있다고 한다. 앞에 나왔던 우주인과 은하는 모두 관성좌표계에 있는 것이다. 갈릴레오의 상대성원리를 관성좌표계로 표현해 보자.

> 모든 관성좌표계 (정지, 등속운동)에서는 물리법칙이
> 똑같이 만족된다.

갈릴레오의 배에서 확인했듯이 두 관성좌표계, 즉 운동장이라는 정지좌표계와 등속으로 운동하는 우주선이 기준이 되는 등속운동좌표계에서 여러 가지 서로 다른 실험을 해 보면 결과가 똑같다는 사실을 발견하게 된다.

운동장에서 공을 주고받거나 우주선에서 공을 주고받을 때 그리고 운동장에서 당구를 칠 때나 우주선에서 당구를 칠 때 둘 사이에

일정한 속도로 운동하는 우주선 안에서 하는 공놀이　　　　마당에서 하는 공놀이

아무런 차이를 느낄 수 없다. 가만히 서 있는 우주선과 등속운동 하는 우주선에서 길이가 같은 진자를 흔들거나 또 드론을 날려보면 이들 운동에서도 역시 아무런 차이를 느낄 수 없다.

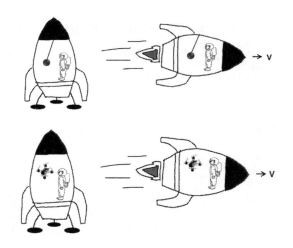

이렇게 관성좌표계에서는 모든 물리법칙이 똑같이 만족된다. 따라서 물리적으로는 관성좌표계가 정지계인지 아니면 등속으로 운동하는 계인지 구분할 수 있는 방법이 없다. 갈릴레오의 상대성원리로부터 알 수 있는 정보는 상대에 대한 운동만 알 수 있고 그 이외에 어느 관성좌표계가 절대적으로 정지상태에 있는지 또는 절대적으로 등속운동상태에 있는지 평가할 수 있는 방법이나 장치는 존재하지 않는다. 여기까지의 결과를 정리해 보면 우리는 상대에 의한 상대운동만 명확하게 정의할 수 있으며 상대가 존재하지 않으면 정지 또는 등속운동상태를 절대로 판단할 수 없게 된다. 하지만 관성좌표계가 아닌 힘이 작용하고 있는 가속좌표계 또는 비관성좌표계에서는 관성력을 이용하여 정지와 등속운동상태를 완전히 결정할 수 있다. 예를 들어 가만히 서 있는 자동차와 등속운동 하는 자동차의 브레이크를 작동시키면서 자동차 안에 있는 손잡이가 어떻게 운동하는지를 알아보면 된다. 여기서 브레이크를 밟는 것 자체가 힘을 작용하는 것과 같다. 정지한 자동차의 브레이크를 밟으면 손잡이는 아무런 미동도 없지만 달려가고 있던 자동차의 브레이크를 밟으면 손잡이는 자동차가 진행하는 방향으로 흔들릴 것이다. 이렇게 힘을 이용하여 손잡이가 어떻게 흔들리는지를 조사해 보면 자동차가 정지하고 있었는지 아니면 운동하고 있었는지 자동차의 절대운동상태를 결정할 수 있다. 하지만 힘의 도움 없이 운동의 본질을 파악하기 위해서는 절대정지와 절대운동을 결정하는 문제가 무엇보

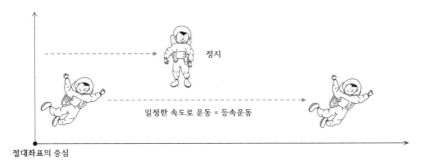

정지

일정한 속도로 운동 = 등속운동

절대좌표의 중심

다 중요하다. 절대정지와 절대운동상태를 정의할 수 있는 좌표계를 '절대좌표계'라고 하는데, 뉴턴은 우리 우주에 절대좌표계가 있다고 생각하고 그것을 바탕으로 뉴턴의 운동법칙들을 완성했다. 절대좌표계는 우주 어딘가에 절대기준을 가진 기준틀이다. 이런 기준 때문에 절대좌표계에서는 상대가 없어도 정지하고 있는지 또는 운동하고 있는지 완벽하게 결정할 수 있다. 뉴턴의 주장대로 정말 절대좌표계가 존재할까? 이 물음에 대한 답을 찾으러 다음 장으로 넘어가보자.

08

뉴턴역학과 관성좌표계

이제 일상에서 경험하게 되는 물리적 현상들이 어떤 좌표계로 기술 되는지 한번 알아보자. 우리가 어떤 현상을 관측하거나 또 그 현상 을 해석할 때 대게는 가만히 서 있는 상태로 이 모든 것을 수행한 다. 달리는 버스를 타고 가면서 실험을 하지는 않는다. 왜냐하면 우 리의 운동이 실험에 영향을 끼치기 때문이다. 그렇기 때문에 관측 자인 우리 자신은 가능한 실험에 영향을 끼치지 않기 위해 실제 현 상으로부터 멀찌감치 떨어진 곳에 가만히 서서 그 현상들을 지켜본 다. 갈릴레오의 상대성원리에 따르면 정지와 등속운동은 물리적으 로 같은 상태이기 때문에 가만히 서서 관측하든 일정한 속도로 운 동하면서 관측하든 결과는 똑같다. 정지와 등속운동상태에 있는 관 측자는 힘이 작용하지 않는 관성좌표계에 있다. 따라서 우리는 언 제나 힘이 작용하지 않는 관성좌표계에서 모든 운동을 관측하고, 또 그 결과를 해석한다. 관성좌표계로 운동을 어떻게 해석하는지 한번 살펴보자.

정지와 등속운동상태에 있는 두 관성좌표계에서 본 물체의 속도

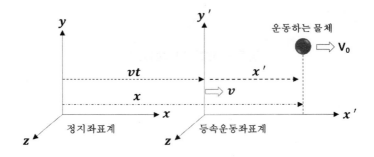

를 한 번 알아보자. 정지좌표계, 즉 정지한 사람이 볼 때의 물체 속
도를 v_0라고 하자. 이 물체를 일정한 속도 v로 운동하는 관측자가
볼 때, 물체의 속도는 얼마로 관측될까? 만약 정지한 사람에 대해
물체의 속도가 시속 60 km 라면 시속 30 km 로 물체와 같은 방향
으로 달려가면서 보면 물체의 속도는 '60 km ‑ 30 km'인 시속 30
km 로 보일 것이다. 우리가 일상에서 쉽게 경험하는 상대속도이다.
우리가 보는 모든 대상의 속도는 언제나 상대속도다. 그렇기 때문
에 관측자인 우리가 어떤 운동상태에서 속도를 측정하느냐에 따라
상대속도의 크기가 달라진다. 그럼 상대속도는 어떤 규칙이나 원리
에 따라 결정되는지 한 번 알아보자.

두 관성좌표계 사이에 정의되는 좌표변환이 있는데 이것을 '갈
릴레오 변환'이라고 한다. 먼저 각 좌표계에서 사용하는 변수를 정
의하자. 정지좌표계에서 측정한 물체의 위치를 x, 그리고 등속운동
좌표계에서 측정한 물체의 위치를 x'로 표기하자. 등속운동좌표계
는 정지좌표계에 대해 오른쪽으로 일정한 속도 v로 달려가고 있다.
그림에서 확인할 수 있듯이 x를 v와 x'로 나타내면 $x = vt + x'$
가 된다. 물체는 수평방향으로만 운동한다고 하자. 그럼 수평방향을

제외한 다른 좌표축 방향에 대해서는 아무런 변화가 없기 때문에 $y = y'$, $z = z'$가 된다. 그리고 여기서 사용하는 시간은 절대시간이기 때문에 모든 좌표계에서의 시간은 하나로 통일된다. 그렇기 때문에 시간을 나타내는 변수는 공통으로 사용할 수 있고 또 $t = t'$가 된다. 이렇게 할 수 있는 이유는 뉴턴의 운동법칙에서 사용하는 시간이 좌표계나 물체의 운동에 아무런 영향을 끼치지 않고 항상 일정한 속도로 흘러가는 '절대시간'이기 때문이다. 이제 시간은 하나로 통일되었으니 t로 표시하도록 하자. 두 좌표계에서 본 물체의 좌표 사이의 관계를 정리해 보자.

$$x = vt + x', \ y = y', \ z = z' \ \rightarrow \ x' = x - vt, \ y' = y, \ z' = z$$

이것을 '갈릴레오 변환'이라고 하며, 이 관계식을 이용하면 두 관측자가 보게 되는 상대속도를 정확하게 계산할 수 있다. 여기에는 간단한 수학적 조작이 필요한데, 무엇을 미분한다는 것은 그것의 변화율을 구하는 것과 같고 또 상수를 미분한다는 것은 어떤 고정된 값에 대한 변화율을 구하는 것이기 때문에 미분 결과는 0이 된다. 그리고 위치를 시간으로 미분하면 속도가 되고, 또 속도를 시간으로 미분하면 가속도가 된다. 위의 갈릴레오 변환 식을 한번 미분해 보자. y와 z축 방향으로는 아무런 변화가 일어나지 않기 때문에 무시하고 수평방향에 대해서만 미분을 해 보자.

$$x' = x - vt \ \rightarrow \ \frac{dx'}{dt} = \frac{dx}{dt} - \frac{d}{dt}(vt) \ \rightarrow \ v' = v_0 - v$$

여기서 v'는 등속운동좌표계에서 본 물체의 속도이고, v_0는 정지좌표계에서 본 물체의 속도 그리고 v는 정지좌표계에 대한 등속운동좌표계의 속도를 나타낸다. 따라서 v'는 v로 달리면서 v_0로 달려가는 물체를 볼 때 관측자가 보게 되는 물체의 상대속도를 나타낸다. 예를 들어 시속 60 km로 달려가는 자동차를 시속 30 km로 달려가며 본 자동차의 상대속도는 $v' = v_0 - v = 60 - 30 = 30$ km 가 된다. 만약 시속 30 km로 반대방향으로 달려가면서 자동차를 쳐다볼 때에는 속도의 방향이 반대로 되어 이 경우에는 관측자를 기준으로 방향에 대한 부호를 다시 정해야 된다. 일반적으로 관측자가 기준이 되기 때문에 관측자의 운동방향과 같으면 (+), 반대면 (−)를 붙인다. 이 규칙을 고려해서 상대속도 식을 다시 표현해 보면 $(+)v' = (-)v_0 - (+)v$와 같이 된다. 그래서 서로 반대방향으로 운동하는 경우 시속 60 km로 달려가는 자동차의 상대속도는 $v' = -60 - 30 = -90$ km가 된다. 이 경우는 서로를 향해 달려오기 때문에 상대속도가 빨라진 것이다. 갈릴레오 변환의 결과가 일상의 경험과 정확하게 일치하는 것을 알 수 있다. 이번에는 물체가 외부로부터 힘을 받아 가속운동 하는 경우를 다뤄보자. 속도변화율, 즉 가속도는 속도를 미분하면 얻을 수 있다. 위에서 얻은 상대속도 식을 시간에 대해 한 번 더 미분해 보자.

$$\frac{dv'}{dt} = \frac{dv_0}{dt} - \frac{dv}{dt} \quad \rightarrow \quad a' = a, \ \left(\frac{dv}{dt} = 0\right)$$

여기서도 등속운동 하는 좌표계의 속도 v는 상수이기 때문에 $dv/dt = 0$이 된다. 위 식에서 a'와 a는 등속운동 좌표계에서 본 물체의 가속도와 정지한 좌표계에서 본 물체의 가속도를 각각 나타낸다. 이 결과가 의미하는 것은 관성좌표계(정지 또는 등속운동)에서는 물체의 가속도가 똑같이 측정된다는 것이다. 즉, 상대속도는 다를 수 있지만 물체의 가속도는 가만히 서서 보든 등속으로 달려가면서 보든 그 결과는 똑같다. 이제 가속도에 질량(m)을 곱해 힘을 한번 얻어 보자. 물체의 질량은 물질이 가진 고유한 양이기 때문에 관측자의 상태와 무관하게 언제나 똑같다. 힘은 다음과 같이 주어진다.

$$a' = a \quad \rightarrow \quad ma' = ma \quad \rightarrow \quad F' = F$$

이 결과가 바로 뉴턴역학의 중심 뼈대를 이루는 힘을 나타내는 정의식이다. 정지좌표계에서 측정한 힘(F)이나 등속운동좌표계에서 측정한 힘(F')이 같다는 것을 알 수 있다. $F = ma$를 운동법칙 또는 운동방정식이라고 부르기도 하는데, 왜냐하면 이 식 속에는 우리가 알고 싶은 운동에 대한 모든 물리적 정보가 들어있기 때문이다. 이렇게 뉴턴의 운동법칙이 갈릴레오의 상대성원리와 갈릴레오 변환으로부터 자연스럽게 유도되는 것을 알 수 있다. 뉴턴의 운동법칙을 이용하여 갈릴레오의 상대성원리를 다시 표현해 보자.

> 모든 관성좌표계(정지, 등속운동)에서는 뉴턴 운동법칙이 똑같이 만족된다.

뉴턴의 운동법칙과 관성좌표계 사이의 관계를 알아봤다. 지금부터는 힘이 작용하고 있는 비관성좌표계, 즉 가속계와 뉴턴 운동법칙 사이에는 어떤 관계가 있는지 알아보자. 비관성좌표계로 가속도를 가지고 운동하는 롤러코스터를 생각해 보자. 롤러코스터를 타고 있는 관측자가 바깥에 가만히 서 있는 자동차를 본다고 하자. 이때 자동차는 정지하고 있기 때문에 아무런 힘을 받지 않는 상태다. 하지만 롤러코스트를 타고 있는 관측자는 마치 바깥에 있는 자동차가 이리저리 정신없이 가속운동하는 것을 보게 된다. 실제로는 롤러코스트를 타고 있는 자신이 가속되고 있는데도 말이다. 이것이 바로 모순이다. 이 모순을 해결하기 위해 가속되고 있는 롤러코스트 좌표계에서는 '관성력'이라는 겉보기 힘을 도입하게 된다. 그러면 가속도의 원인이 되는 힘을 관성력이 상쇄시켜 자동차에 작용하는 힘을 0으로 만들 수 있고, 그 결과 관측사실과 일치하는 실제 자동차의 운동을 기술할 수 있게 된다. 여기서 알 수 있는 사실은 가속계에서는 관성력 없이 뉴턴 운동법칙이 성립하지 않는다는 것이다. 따라서 뉴턴 운동법칙은 힘이 작용하지 않는 관성좌표계에서만 항상 성립한다.

관성좌표계에서 뉴턴의 운동법칙을 적용한다는 것은 마치 실내에서 창밖의 현상들을 바라보며 그 현상들을 해석하는 것과 같다. 실내에서 현상을 관측한다는 것은 가만히 서 있다는 것을 의미하며, 이것은 또한 등속운동을 하면서 현상을 관측하는 것과 같은 의미를 가진다. 뉴턴 운동법칙은 가속계가 아닌 관성좌표계에서만 성립하는 법칙이기 때문에 관측자인 우리들의 상태가 가속되지 않고 절대적으로 정지하고 있는지 아니면 등속으로 운동하는지를 판단하는 것이 무엇보다 중요하다. 즉, 절대정지 상태에 있는지 아니면 절대 등속운동상태에 있는지를 분명히 해야 된다. 이런 이유 때문에 뉴턴은 절대운동을 결정할 수 있는 좌표계가 우리 우주에 존재한다고 주장했다. 즉, 뉴턴은 우주 어딘가에 절대기준이 있어 정지상태와 등속운동상태를 완전하게 결정할 수 있다고 생각했다.

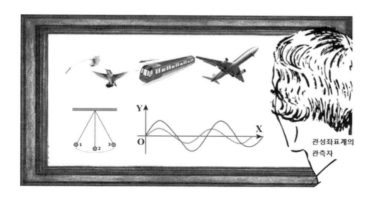

관성좌표계의
관측자

　　뉴턴역학은 우리 세계를 너무나 잘 설명하고 있다. 그렇기 때문에 뉴턴의 주장대로 절대좌표계가 분명히 존재해야 되고 그래서 우리는 반드시 절대좌표계를 찾아야만 한다. 그런데 과연 절대좌표계가 존재하기는 하는 걸까? 존재한다면 어디에 있는지 아니면 어떤 것인지도 궁금하다. 절대좌표계 문제를 생각하면서 다음 절로 넘어가 보자.

09

절대시간과 절대공간

(1) 절대시간

절대시간은 물체의 존재나 운동에 아무런 영향을 끼치지 않고 전 우주 어디에서나 항상 똑같이 흐르는 시간이다. 우주에 존재하는 그 무엇과도 상호작용하지 않고 독립적으로 존재하는 시간이 절대시간이다. 그래서 우리 우주에는 오직 하나의 시계와 시간으로 운행된다. 뉴턴역학은 절대시간을 시간의 기준으로 삼아 운동을 해석하고 기술한다.

전 우주에는 오직 하나의 시계와 하나의 시간만 존재한다.

(2) 절대공간

우주는 텅 빈 영역과 그 속을 채우고 있는 물질이나 에너지들로 이루어져 있다. 여기서 텅 빈 영역을 우리는 공간이라고 부른다. 우리 자신을 포함해 우주에 있는 모든 것들이 '공간' 속에 놓여 있다. 공간 그 자체는 물체의 운동에 아무런 영향을 끼치지 않고, 단지 물체가 놓일 수 있는 장소만을 제공한다. 이런 공간을 '절대공간'이라고 한다. 일상에서 공간이라고 할 때는 대게 '절대공간'을 의미한다. 또한 절대공간은 전 우주 어디에서나 성질이 똑같고, 또한 물체가 놓여 있든 없든 공간에는 아무런 변화도 없고 물체 역시 공간으로부터 아무런 영향을 받지 않는다. 그리고 절대공간에는 기준이 있어 어떤 물체가 정지하고 있는지 또는 운동하고 있는지를 완벽하게 구분할 수 있다. 공간에서의 기준이란 마치 좌표의 축과 같은 것이다. 따라서 절대공간 역시 우주 어딘가에 기준이 되는 축을 가진 그런 공간이다.

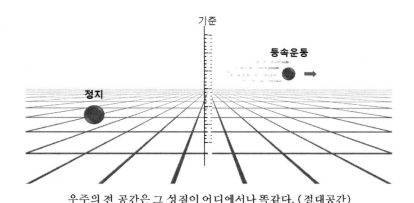

우주의 전 공간은 그 성질이 어디에서나 똑같다. (절대공간)

10

뉴턴의 양동이실험과 절대좌표계

뉴턴이 생각하는 시간과 공간은 절대 변하지 않는 '우주의 틀'이었다. 특히 절대공간에서는 기준이 있기 때문에 이 기준을 이용하면 물체가 운동하는지 아니면 정지하고 있는지를 결정할 수 있다. 뉴턴은 양동이실험이라는 사고실험을 통해 절대공간이 존재할 수 있고 그래서 이것이 운동의 절대기준 역할을 할 수 있다고 주장했다. 양동이실험이 어떤 것인지 한 번 알아보자. 이 실험을 몇 가지 단계로 정리해 보자.

① 물을 가득 채운 양동이를 준비한다.
② 양동이 속의 물을 저어가며 점점 **빠르게** 회전시킨다.
③ 회전속도가 빨라질수록 원심력 때문에 양동이 속의 물은 점차 바깥쪽으로 밀려나간다.
④ 양동이 중심의 수면은 낮아지고 중심에서 가장자리로 갈수록 수면이 높아진다. (a)
⑤ 이번에는 양동이 속의 물은 그대로 두고 양동이를 포함한 우주 전체를 회전시킨다.

⑥ 대칭성에 따라 이 경우에도 양동이 안에서 일어나는 결과는 같아야만 한다. (절대기준이 없다면)

⑦ 하지만 이 경우에는 양동이 속 수면의 높이는 변하지 않는다. (b)

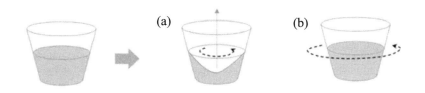

(a)

(b)

만약 우주에 절대기준이 없다면 대칭성에 의해 두 경우 결과가 같아야 되지만 양동이실험을 통해 뉴턴은 절대기준이 있기 때문에 대칭성이 깨져 물이 회전할 때와 양동이가 회전할 때 결과가 다를 수 있다고 주장했다. 이렇게 양동이실험은 절대기준의 존재 가능성을 증거로 제시한 사고실험이었다. 하지만 뉴턴의 주장을 반박한 마흐는 양동이실험을 이렇게 해석했다. 즉, 양동이 속에 있는 물의 원심력은 물을 제외한 우주에 존재하는 모든 물질들이 작용하여 만든 힘이지 절대공간에 대한 회전 때문이 아니라는 것이다. 이것을 '마흐의 원리'라고 한다. 과연 누구의 주장이 옳을까? 뉴턴의 주장대로 정말 우주 어딘가에 절대좌표계가 있을까? 아니면 우주는 그저 텅 빈 공간으로 그 어떤 기준도 가지지 않는 걸까?

11

에테르의 부활

우주공간은 정말 텅 비어 있을까? 공간의 균질성과 등방성을 통해 공간 그 자체와 물체는 서로에게 아무런 영향을 끼치지 않는다는 것을 알았지만, 뉴턴을 비롯한 19세기 전자기학을 연구한 학자들은 뭔가가 공간을 가득 채우고 있어야지만 중력이나 전자기파 그리고 빛의 전파와 관련된 문제들을 제대로 설명할 수 있을 것이라고 생각했다. 텅 빈 공간을 가득 채우고 있을 것으로 생각되는 이 가상의 물질을 과학자들은 '에테르'라고 불렀다. 에테르의 존재는 기원전 고대 그리스시대로까지 거슬러 올라간다. 고대 그리스의 철학자들은 지상에 존재하는 물질들은 4원소인 물, 불, 공기, 흙으로 만들어지지만 지구 위의 천상은 신성한 물질인 제5의 원소로 채워져 있다고 생각했는데, 그 상상의 물질이 바로 에테르다.

중력과 전자기파 그리고 빛에 대한 성질이 밝혀지면서 과학자들은 에테르가 상상의 물질이 아닌 반드시 텅 빈 공간, 즉 진공을 가득 채우고 있어야 한다는 생각에 이르렀다. 상상 속에서만 존재했던 가상의 물질이었지만 과학의 요청으로 에테르는 다시 부활했다. 뉴턴은 에테르가 중력을 전달하는 매개 물질로 생각했으며, 맥스웰이나 헤르츠 등은 빛이나 전자기파가 공간을 통해 퍼져나가는데 필요한 매질로 생각했다. 이런 이유로 에테르는 반드시 존재해야 될 실체가 되었다. 하지만 에테르의 존재를 어느 누구도 증명한 적이 없었기 때문에 그 당시 가장 시급한 문제는 에테르가 실제로 존재하는지 그 여부를 확인하는 것이었다. 어쨌든 에테르가 실제로 우주 공간을 가득 채우고 있다면 그 자체가 좋은 잣대가 되어 절대운동의 기준 문제를 해결하는데도 결정적인 역할을 할 것으로 기대된다. 에테르가 마치 격자처럼 우주공간을 가득 메우고 있다고 가정해 보자. 그러면 에테르 격자 자체를 기준으로 물체의 운동 여부를 결정할 수 있기 때문에 에테르를 절대공간 또는 절대좌표계로 이용할 수 있다. 따라서 에테르의 존재가 증명되기만 하면 중력이나 빛 그리고 전자기파의 문제와 더불어 절대운동의 문제도 한꺼번에 해결될 수 있다.

가상의
에테르로 가득 찬
우주공간

12

에테르의 역할

만약 우주공간이 에테르로 가득 차 있다면 어떤 문제들이 해결 될 수 있을까? 먼저 중력을 한 번 생각해 보자. 질량을 가진 두 물체가 아무것도 없는 텅 빈 공간에 놓여 있다. 당연히 두 물체 사이에는 거리의 제곱에 반비례하는 중력이 작용할 것이다. 하지만 두 물체 사이에 어떤 매개체가 있어야 힘이 전달될 수 있을 것 같은데 텅 빈 공간을 통해 힘이 작용한다는 것 자체가 상식적으로 쉽게 받아들여지지 않는다. 그래서 물체 사이의 텅 빈 공간이 어떤 매개체로 채워져 있다고 생각하는 편이 중력의 전달을 이해하는데 훨씬 자연스럽다. 뉴턴은 에테르가 바로 그 역할을 할 것으로 생각했다.

　에테르의 실체에 대해서는 아무런 정보가 없지만 무언가가 공간을 가득 채우고 있다면 그 자체가 힘을 전달 할 수 있는 매개체로서의 가능성을 기대할 수 있다. 에테르의 또 다른 역할은 전자기파

텅 빈 공간　　　　　　　에테르로 채워져 있는 평면

나 빛과 같은 파동의 매질이다. 음파나 수면파가 공기나 물과 같은 매질의 진동을 통해 멀리 퍼져나가는 것처럼 빛이나 전자기파는 에테르의 진동을 통해 공간 속을 진행한다고 할 수 있다. 전자기파의 영역은 아주 광범위한데, 이 중에서 유일하게 눈으로 볼 수 있는 전자기파를 가시광선이라고 한다. 만약 에테르가 발견된다면 전자기파나 빛이 공간 속을 전파해 가는 문제도 단번에 해결 될 것이다. 중력과 빛의 전파 문제뿐만 아니라 공간을 가득 채운 에테르는 그 자체가 절대공간의 기준 역할을 할 수 있을 것으로 기대된다. 에테르의 각 점들을 기준으로 절대운동을 결정할 수 있기 때문이다.

이렇게 우주공간이 에테르로 가득 차 있기만 해도 많은 문제들이 해결될 수 있다. 그런데 여기에는 아주 큰 문제가 하나있다. 에테르는 공기나 물처럼 사람의 감각으로 직접 느낄 수 있는 그런 물질이 아니기 때문에 이것을 어떻게 찾느냐하는 것이다. 그래도 우리는 정체를 전혀 알 수 없는 이 가상의 물질을 반드시 찾아내야 한다. 비록 에테르가 인간의 오감으로는 직접 느낄 수 없는 존재이긴 하지만 분명 누군가는 이것의 실체를 밝힐 수 있는 기발한 방법

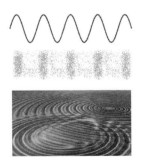

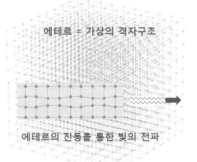

에테르 = 가상의 격자구조

에테르의 진동을 통한 빛의 전파

을 찾아낼 것이다. 인류역사를 돌이켜보면 인간은 언제나 주어진 도전을 극복해 왔으며 그런 과정을 통해 문명을 발전시켜 왔다. 반드시 누군가는 에테르를 찾아 나설 것이다.

13

에테르 찾기에 도전한 개척자, 마이켈슨과 몰리

유령 같은 에테르를 찾아 나선 과학자가 있다. 마이켈슨과 몰리가 그 주인공들이다. 이들은 어떻게 하면 에테르의 존재를 증명할 수 있을까를 고민하던 중 빛의 간섭을 이용한 특별한 장치를 설계하기에 이르렀다. 간섭은 두 파동이 만나면서 서로 겹치는 모양에 따라 파동의 진폭이 커졌다 작아졌다하는 현상이다. 진폭의 크기는 간섭하는 두 파동의 위상차에 따라 결정되며, 위상차는 두 파동의 결이 일치하지 않고 어긋난 정도를 말한다. 만약 위상차가 없어 두 파동의 결이 완전히 겹치면 진폭은 배가 되어 하나일 때 보다 더 커지는데 이런 경우를 보강간섭이라 하고, 위상차가 180도일 경우에는 결의 모양이 정반대가 되어 진폭이 0이 되는데 이때를 상쇄간섭이라고 한다. 이처럼 간섭하는 두 파동의 결이 어긋나는 정도에 따라 밝고 어두운 무늬가 만들어지는데, 이것을 간섭무늬라고 한다. 1831년 마이켈슨과 몰리는 빛의 간섭현상을 이용한 실험장치로 에테르 찾기에 착수했다. 에테르의 존재를 증명하기 위해 두 사람이 제안한 아이디어는 '에테르의 흐름'을 이용하는 것이었다. 마치 흐르는 강물 위를 달려가는 배의 속도가 강물이 흐르는 방향에 따라

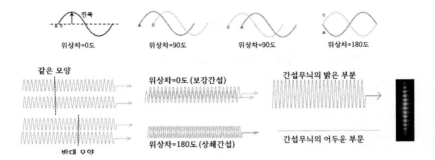

위상차=0도　위상차=90도　위상차=90도　위상차=180도

같은 모양　위상차=0도 (보강간섭)　간섭무늬의 밝은 부분

바대 모양　위상차=180도 (상쇄간섭)　간섭무늬의 어두운 부분

달라지는 것과 같은 원리를 빛과 에테르에 적용하자는 것이었다. 에테르를 강물로 가정하고 그 속을 빛이라는 배가 달려가는 상황을 한 번 떠올려 보자. 빛은 에테르의 진동을 통해 공간속을 전파해 가기 때문에 배와 마찬가지로 빛의 속도도 당연히 에테르의 영향을 받을 것이라고 예상할 수 있다. 그래서 빛의 속도에 대한 에테르의 영향을 조사하기 위해서는 강물의 흐름처럼 에테르의 흐름이 필요하다. 마이켈슨과 몰리는 상대속도 개념으로 이 문제를 쉽게 해결할 수 있었다. 에테르가 가득 찬 공간속을 일정한 속도로 달려가기만 하면 에테르 흐름을 얻을 수 있다. 자동차를 타고 가면서 바깥을 보면 마치 가로수가 운동하는 것처럼 보이듯이 에테르 속을 달려가면서 에테르를 쳐다보면 에테르의 상대적 흐름을 얻을 수 있다.

　에테르 속을 달려가는 문제는 의외로 간단히 해결되는데, 왜냐하면 이미 우리는 엄청난 속도로 에테르 속을 달려가고 있기 때문이다. 지구가 우리들을 싣고 거의 초속 30 km 이상의 속도로 에테르 속을 달려가고 있다. 따라서 지구에서 에테르를 보면 마치 에테르가 지구에 대해 반대방향으로 운동하는 것을 보게 될 것이다. 이것이 바로 '에테르의 흐름' 또는 '에테르 바람'이다. 마이켈슨과 몰

달리는 자동차에서 보면 가로수가 뒤로 달려간다.
가로수의 상대속도 크기는 자동차의 속도와 같다.

달리는 지구에서 보면 에테르가 지구 반대방향으로 흐른다.
지구에서 본 에테르의 상대속도 크기는 지구의 속도와 같다.

리는 에테르의 흐름 속에서 서로 다른 속도로 달려가는 빛들의 간
섭을 이용하여 에테르의 존재를 증명하려고 한 것이다. 이렇게 해
서 만질 수도 볼 수도 없는 에테르라는 유령의 존재를 증명하기 위
한 세기의 도전이 시작되었다.

14

에테르 흐름과 빛의 속도

에테르를 찾으려는 마이켈슨-몰리의 계획을 좀 더 상세히 들여다 보자. 이들 실험에서 필요로 하는 중요한 개념 중의 하나가 바로 상대속도다. 예를 들어 시속 60 km로 달리는 자동차 안에서 바깥을 쳐다보면 가로수가 시속 60 km로 반대방향으로 운동하는 것처럼 보인다거나 시속 60 km로 자신과 같은 방향으로 달려가는 자동차를 보면 그 자동차가 마치 정지한 것처럼 보이는 것이 바로 상대속도 때문이다. 에테르의 흐름 역시 지구의 운동 때문에 생기는 상대속도의 결과이다. 서로 다른 속도로 운동하는 세 사람 A, B, 그리고 C가 있다고 하자.

　A가 볼 때 B의 상대속도는 어떻게 될까? B가 A를 향해 같은

A, 시속 60 km　　　　**B, 시속 60 km**　　　　**C, 정지**

속도로 달려오기 때문에 A는 B가 시속 120 km로 달려오는 것을 보게 된다. 이것이 A가 본 B의 상대속도이다. 이번에는 A가 C를 보고 있다고 하자. A가 본 C의 상대속도는 얼마일까? 당연히 시속 60 km일 텐데, 단 방향은 A와 반대방향으로 A를 향해 달려오는 것을 보게 될 것이다. A와 달리 C는 A가 자신을 향해 시속 60 km로 달려오는 것을 보게 된다. 방향은 다르지만 C가 본 A의 상대속도 크기는 역시 시속 60 km가 된다. 만약 A와 B가 같은 방향으로 운동한다면 서로에 대한 상대속도는 어떻게 될까? 앞서 살펴본 것처럼 상대속도는 0이 되어 마치 상대방이 정지한 것처럼 보일 것이다. A가 본 B의 상대속도, V_{AB}는 $V_B - V_A$로 정의한다.

$$A가 본 B의 상대속도,$$
$$V_{AB} = V_B - V_A$$

$A가 본 B의 상대속도,$
$$V_{AB} = -60 - 60 = -120$$

$A가 본 C의 상대속도,$
$$V_{AC} = 0 - 60 = -60$$

$C가 본 A의 상대속도,$
$$V_{CA} = 60 - 0 = 60$$

상대속도 식에서 부호는 관측자의 방향에 따라 결정되며, 관측자와 같은 방향이면 (+), 반대방향이면 (−)부호를 붙여 계산한다. 이제 상대속도 개념을 에테르에 적용시켜 보자. 지구와 함께 운동하면서 에테르를 관측하면 에테르의 상대속도 크기는 정확히 지구의 공전속도와 같고 방향은 반대가 된다. 이렇게 지구의 운동을 이용하여 자연스럽게 에테르의 흐름을 얻을 수 있게 되었다. 이번에는 강물을 따라 운동하는 배의 속도에 대해 한 번 알아보자. 이것

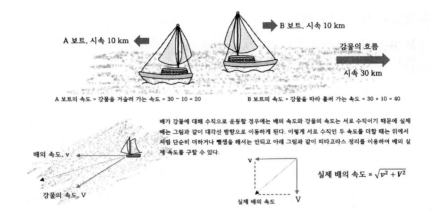

A 보트, 시속 10 km

B 보트, 시속 10 km

강물의 흐름

시속 30 km

A 보트의 속도 : 강물을 거슬러 가는 속도 = 30 - 10 = 20

B 보트의 속도 : 강물을 따라 흘러 가는 속도 = 30 + 10 = 40

배가 강물에 대해 수직으로 운동할 경우에는 배의 속도와 강물의 속도는 서로 수직이기 때문에 실제 배는 그림과 같이 대각선 방향으로 이동하게 된다. 이렇게 서로 수직인 두 속도를 더할 때는 위에서 처럼 단순히 더하거나 뺄셈을 해서는 안되고 아래 그림과 같이 피타고라스 정리를 이용하여 배의 실 제 속도를 구할 수 있다.

배의 속도, v

강물의 속도, V

실제 배의 속도 = $\sqrt{v^2 + V^2}$

실제 배의 속도

도 역시 일상에서 흔히 경험할 수 있는 현상이다. 강물의 흐름과 나란하게 운동하는 배의 속도는 강물의 속도만큼 더해지고 반대로 강물을 거슬러 운동하는 배의 속도는 그만큼 속도가 줄어들 것이다. 이처럼 같은 직선상에서 운동할 때는 방향만을 고려하여 두 속도를 더하거나 빼면 된다. 하지만 강물의 흐름과 배의 운동이 서로 수직일 때가 있다. 이런 경우에는 피타고라스정리를 이용하여 속도를 계산할 수 있다.

이제 에테르 속을 달려가는 빛의 속도를 한 번 구해보자. 에테르와 같은 방향으로 진행하는 빛의 속도는 에테르 속도만큼 더 빨라질 것이고, 에테르를 거슬러 진행하는 빛의 속도는 그만큼 느려질 것이다. 여기서 진공에서의 빛의 속도, 즉 광속을 c 그리고 에테르의 속도를 v라고 하자. 에테르와 같은 방향으로 진행하는 빛 A의 속도는 '$c+v$'가 되어 진공에서의 속도 c 보다 더 빨라지지만, 에테르를 거슬러 가는 빛 B의 속도는 '$c-v$'가 되어 진공에서의 속도 c 보다 느려진다.

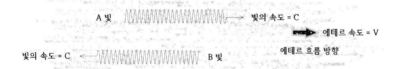

에테르 속을 달려가는 빛의 속도가 마이켈슨−몰리 실험의 핵심이다. 즉, 일정한 속도로 흐르는 에테르 속을 빛이 진행하면 에테르의 흐름 때문에 빛의 속도가 영향을 받을 것이라는 것이다. 그래서 빛의 속도 차이가 검출되기만 하면 에테르의 존재가 증명되는 것이다. 마이켈슨−몰리는 속도가 다른 두 빛이 만날 때 결이 어긋난 정도, 즉 위상차 때문에 '간섭무늬의 흐름'을 볼 수 있을 것이라고 예측했는데, 이것이 바로 두 사람이 찾고자 하는 에테르라는 유령의 지문이다.

이들은 정말 에테르 유령을 발견할 수 있을까? 텅 빈 공간을 가득 채우고 있을 것으로 생각되는 에테르 유령! 있을지 없을지도 모르는 에테르의 지문을 과연 마이켈슨−몰리가 찾아낼 수 있을까? 이들의 계획을 좀 더 낱낱이 한번 파헤쳐 보자.

15

마이켈슨─몰리 실험의 실체

에테르의 존재를 증명하기 위해 마이켈슨과 몰리가 고안한 간섭계의 원리와 구조를 간단히 살펴보자. 먼저 에테르의 흐름은 지구 공전에 의한 상대운동으로 얻을 수 있다. 지상에 설치되어 있는 실험장치인 간섭계는 지구와 함께 달려가고 있기 때문에 에테르 흐름 속에 놓이게 된다. 간섭계는 광원, 반투명거울, 반사거울, 그리고 스크린으로 구성되어 있다.

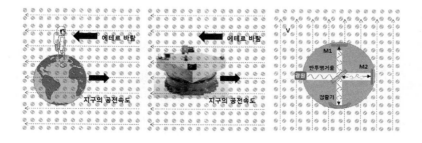

위의 그림을 보면서 간섭계의 원리를 정리해 보자.

① 간섭계는 에테르가 흐르는 공간 속에 놓여 있다.
② 간섭계의 광원을 켜면 빛은 에테르 속을 달려간다.

③ 광원에서 출발한 빛은 가장 먼저 반투명거울을 만나게 된다.

④ 반투명거울에 도달한 빛은 일부는 거울을 투과하고 일부는 반사된다.

⑤ 투과한 빛은 거울2(M_2)를 향하게 되고, 반사된 빛은 거울1 (M_1)을 향해 달려간다.

⑥ 거울1과 거울2에서 반사된 빛은 반투명거울에서 다시 만나게 된다.

⑦ 거울2에서 반사된 빛은 반투명거울에 반사되어 스크린에 도달한다.

⑧ 거울1에서 반사된 빛은 반투명거울을 투과하여 스크린에 도달한다.

이렇게 광원에서 출발한 빛은 두 가지 경로, 즉 '광원—반투명거울—거울1—반투명거울—스크린'과 '광원—반투명거울—거울2—반투명거울—스크린'을 따라 진행한다. 단, 이때 두 경로의 전체 길이는 같다. 마이켈슨—몰리 실험에서 가장 중요한 특징은 에테르 흐름에 대한 빛의 상대적인 진행방향이다. 거울2로 진행하는 빛의 진행경로는 에테르 흐름에 나란한 반면 거울1로 진행하는 빛은 에테르 흐름에 대해 수직으로 진행한다. 마이켈슨—몰리 간섭계의 입체도를

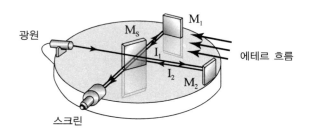

보면 장치의 구성을 좀 더 쉽게 이해할 수 있다.

M_1, M_2 에서 출발한 두 빛은 에테르 흐름에 대한 진행경로가 달라서 스크린에 도착하는 시간이 서로 다르고 그래서 두 빛 사이에는 위상차가 발생한다. 위상차를 가진 두 빛이 중첩되면서 스크린 상에 간섭무늬를 만들 것이다. 마이켈슨-몰리가 간섭계로 찾고자 했던 것이 바로 이 간섭무늬다. 이들의 예상대로 간섭무늬가 관측된다면 빛은 에테르의 영향을 받은 것이 되고, 결과적으로 에테르의 존재가 증명되는 것이다. 이것이 에테르의 지문을 찾으려는 마이켈슨-몰리 간섭계의 목적이다.

16

두 빛의 시간차

강물 위를 떠가는 배의 속도가 강물이 흘러가는 방향에 영향을 받는 것과 같이 에테르 속을 달려가는 빛의 속도도 마찬가지로 에테르의 영향을 받을 것이다. 빛이 실제로 에테르에 얼마만큼 영향을 받는지 알아보기 위해 간단한 기하학과 연산을 통해 두 빛이 스크린에 도달하는데 걸리는 시간을 한번 계산해 보자. 파동으로 그려 놓은 것은 빛이고, 배경은 에테르를 묘사한 것이다. 에테르에 대해 수직으로 진행하는 빛은 거울1로 진행한 빛을 나타내며 거울2로 진행하는 빛은 에테르 흐름과 나란하게 그려져 있다.

먼저 거울1로 향하는 빛이 스크린에 도착하는 과정을 살펴보자. 거울1로 향하는 빛은 오른쪽으로 흐르고 있는 에테르의 흐름 때문

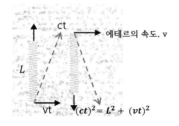

에 대각선(점선)을 따라 이동하게 된다. 거울에 반사되어 다시 돌아올 때도 마찬가지로 대각선 경로를 따라 돌아오게 된다. 이번에는 거울2로 진행하는 빛이 스크린에 도달하는 과정을 살펴보자. 빛이 거울2를 향해 진행할 때는 에테르의 흐름과 같은 방향이기 때문에 빛의 속도는 더 빨라지고, 반대로 거울에서 반사되어 되돌아 올 때는 에테르를 거슬러 되돌아오기 때문에 그만큼 속도가 줄어든다. 여기서 속도는 '이동거리/경과시간'이고 거울1과 스크린 그리고 거울2와 스크린 사이의 거리는 L로 똑같다. 그리고 빛이 거울1 방향으로 왕복하는데 걸린 시간을 $t_{수직}$, 거울2로 왕복하는데 걸린 시간을 $t_{수평}$이라고 하자.

① 거울1로 진행하는 빛이 스크린에 도착하는 시간을 계산해 보자.

빛이 거울1을 향해 진행한 거리는 피타고라스정리에 따라 $(ct)^2 = (ct)^2 = L^2 + (vt)^2$와 같다. 이 식을 시간에 대해 정리하면 $t = (L/c) / \sqrt{1 - (v/c)^2}$이 된다. 이 시간이 거울1로 진행할 때 걸린 시간, $t_{수직}$이 된다. 따라서 거울에 반사되어 한 번 왕복하는데 걸린 전체 시간은 $2 \times t_{수직}$가 된다. 따라서 거울1을 따라 진행한 빛이 스크린에 도달하는데 걸린 전체 시간은 다음과 같다.

$$\therefore t_{수직} = \frac{2(L/c)}{\sqrt{1 - (v/c)^2}}$$

② 거울2로 진행하는 빛이 스크린에 도착하는 시간도 계산해 보자.

에테르가 흐르는 방향으로 진행하는 빛의 속도는 에테르의 속도가 더해져 '$c+v$'가 되고 거울에서 반사되어 다시 돌아올 때는 에

테르를 거슬러 진행하기 때문에 빛의 속도는 '$c-v$'가 된다. '경과
시간 = 이동거리/속도'이기 때문에 거울1로 진행할 때 걸린 시간은
$t_\text{오} = L/(c+v)$ 가 되고, 거울에서 반사되어 되돌아올 때 걸린 시간
은 $t_\text{원} = L/(c-v)$ 가 된다. 따라서 거울2를 따라 진행한 빛이 스크
린에 도달하는데 걸린 전체시간은 이들 두 시간의 합과 같다.

$$\therefore \; t_\text{수평} = \frac{L}{c+v} + \frac{L}{c-v} = \frac{2(L/c)}{1-(v/c)^2}$$

위에서 얻은 ①과 ②의 결과를 한번 비교해 보자.

$$t_\text{수직} = \frac{2(L/c)}{\sqrt{1-(v/c)^2}} < t_\text{수평} = \frac{2(L/c)}{1-(v/c)^2}$$

$$\rightarrow \quad \therefore \frac{t_\text{수평}}{t_\text{수직}} = \frac{1}{\sqrt{1-(v/c)^2}}$$

이 결과를 보면 에테르에 대해 수평으로 진행한 빛의 왕복시간
이 수직으로 진행한 경우에 비해 더 크다는 것을 알 수 있다. 이것
이 바로 마이켈슨-몰리가 찾고자했던 것이다. 에테르 때문에 발생
하는 시간차! 이것은 에테르가 존재한다는 가정 하에서 얻은 결과
이기 때문에 이 시간차만 확인된다면 에테르 유령은 마치 투명인간
의 망토가 벗겨진 것처럼 그렇게 우리들 앞에 그 실체를 드러낼 것
이다.

17

에테르 유령의 실체

그럼 마이켈슨-몰리 간섭계의 스크린으로 눈을 돌려보자. 거울1과 2로 진행했던 빛이 시간차를 두고 스크린에 도달하면서 과연 어떤 흔적을 남길지 궁금하다. 마이켈슨-몰리 간섭계는 이 시간차를 간섭무늬로 시각화시켜 보여주는 장치라고 할 수 있다. 과연 이들은 어떤 간섭무늬를 관측하게 되었을까? 두 빛의 시간차는 마치 같은 속도로 달리는 두 자동차 A와 B가 전조등을 동시에 켤 때 전조등의 두 불빛의 시간차와 같다고 할 수 있다.

스크린에 도달하는 시간 차이만큼 두 빛 사이에는 위상차가 생기고, 이 위상차 때문에 스크린에는 간섭무늬가 나타나게 된다. 원뿔모양의 자동차 전조등 불빛처럼 간섭계의 두 빛도 그렇게 간섭한다. 즉 거울1로 향한 빛과 거울2로 향한 빛이 스크린에서 도달할 때도 원뿔모양의 구면파 두 개가 만나면서 서로 간섭하게 된다.

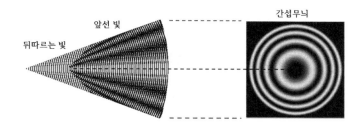

뒤따르는 빛   앞선 빛   간섭무늬

그리고 간섭계를 90도로 회전시키면 거울1과 거울2가 서로 바뀌에 되고, 그 결과 간섭무늬의 이동이 관측될 것이다.

결국 시간차를 가진 두 구면파가 스크린을 향해 계속 들어오기 때문에 스크린에 생기는 간섭무늬도 마치 수면파처럼 동심원 형태로 퍼져나가는 것처럼 보일 것이다. 마이켈슨과 몰리가 에테르의 존재 증거로 보고 싶어 했던 것이 바로 이러한 '간섭무늬의 이동'이었다. 하지만 아쉽게도 간섭무늬의 이동은 전혀 관측되지 않고 단순히 고정된 간섭무늬만 보일 뿐이었다. 같은 시간에 스크린에 도달한 두 빛이 만드는 정지상의 간섭무늬뿐이었다. 이 결과로 에테르의 존재는 부정되고 말았다. 정말 에테르 유령은 존재하지 않는 것인가? 에테르를 찾고자 했던 마이켈슨-몰리 실험은 결국 실패로 돌아가고, 우주공간은 다시 텅 빈 채로 남겨졌다. 아이러니하게도 에테르의 존재를 증명하기 위한 실험이 도리어 에테르가 존재하지 않는다는 것을 입증하고야 말았다.

18

에테르의 추방

에테르를 찾으려고 시도한 실험이 도리어 에테르가 존재하지 않는
다는 것을 증명하고 말았다. 그래서 이 실험을 일컬어 '가장 유명한
실패한 실험'이라고도 한다. 마이켈슨과 몰리는 우주공간을 가득 채
우고 있을 것이라고 믿었던 에테르를 공식적으로 우리 우주공간에
서 추방한 위대한 과학자가 되었다. 하지만 이 실험을 통해 발견한
중요한 사실은 '상대운동에 관계없이 빛의 속도는 일정하다.'는 것
이었다. 에테르 등장으로 해결될 것으로 기대했던 여러 현상들이
에테르의 추방과 함께 다시 원점으로 돌아가 버렸다. 중력이나 빛
과 관련된 현상들을 이해하는데 더 이상 에테르의 도움을 받을 수
없게 되었다. 이제 에테르 없이 이 모든 현상들을 이해하고 설명할
수 있어야 한다. 특히 에테르의 존재가 부정되면서 우리가 기대했
던 절대좌표계의 꿈도 완전히 사라져 버렸다. 우주공간이 에테르로
가득 차 있다면 이것을 기준으로 정지상태와 등속운동상태를 구분
할 수 있었을 텐데, 에테르가 사라졌으니 에테르를 절대좌표계로
이용하려는 계획도 수포로 돌아가고 말았다. 우주공간은 다시 텅
빈 채로 우리들 앞에 나타났다. 아무것도 없는 텅 빈 공간은 정지

상태와 등속운동상태를 구분할 수 있는 그 어떤 기준도 제공하지 못한다. 이제 우리는 우주에 존재할 것 같았던 절대좌표계에 대한 미련을 버리고 상대를 기준으로 하는 좌표계를 선택할 수밖에 없는 처지가 되었다. 결국 우리에게는 상대라는 기준만 남았다. 절대운동은 사라지고 상대가 모든 운동의 기준이 되었다.

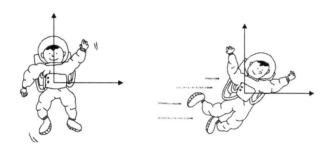

19

에테르의 추방을 아쉬워한 과학자

마이켈슨-몰리 실험으로 에테르가 이 우주공간에서 추방되는 것을 몹시 아쉬워한 과학자가 있었다. 왜냐하면 빛이라는 파동이 공간속을 전파해 가기 위해서는 매질이 반드시 필요했기 때문에 에테르를 절대로 포기할 수 없었던 것이다. 이런 이유로 에테르의 추방을 안타까워 한 학자들 중에 피츠제럴드가 있었다. 그는 어떻게든 에테르를 부활시켜 보려고 갖은 애를 썼다. 그러던 중 피츠제럴드는 에테르를 부활시킬 수 있는 묘책을 생각하게 되는데, 그것은 마이켈슨-몰리 실험 결과를 다음과 같이 재해석 하는 것이었다. 즉, 간섭무늬에 변화가 없는 이유는 에테르가 없어서 그런 것이 아니라 에테르와 나란한 방향으로 공간의 길이가 수축했기 때문에 두 경로 사이에 시간차가 생기지 않았다는 것이다. 지금도 마찬가지지만 그당시에는 공간이 수축한다는 것은 상상조차 할 수 없는 너무나 어처구니없는 주장이었다. 하지만 피츠제럴드는 그의 묘책을 실행에 옮기기로 마음먹었다. 피츠제럴드는 그의 생각대로 에테르의 흐름과 나란한 방향의 수평 길이 L_0를 $L = L_0 \sqrt{1 - (v/c)^2}$ 로 수축시켰다. 지금은 이것을 '로렌츠－피츠제럴드 길이수축'이라고 부른다.

로렌츠－피츠젤럴드 길이수축 $L = L_0 \sqrt{1 - (v/c)^2}$

마이켈슨－몰리 실험에서 에테르와 나란한 방향으로 이동하는 빛의 수평 왕복시간에 들어있는 길이를 '로렌츠－피츠제럴드 길이수축'으로 치환한 후 수직 왕복시간과 비교해 보면 두 시간이 정확하게 일치하는 것을 알 수 있다.

$$\therefore t_{수평} = \frac{2(L/c)}{1 - (v/c)^2} = \frac{2}{c} \frac{L_0 \sqrt{1 - (v/c)^2}}{1 - (v/c^2)}$$

$$= \frac{2L_0/c}{\sqrt{1 - (v/c)^2}} = t_{수직} \ (시간차 제로!)$$

이 결과는 공간의 길이가 실제로 수축되었을 때의 시나리오이다. 결과는 대성공! 단, 수학적으로만 성공! 하지만 피츠제럴드가 제안한 이 묘책의 치명적인 문제는 공간이 수축되어야 할 아무런 과학적 근거를 제시하지 못했다는 것이다. 마치 공상과학소설에서나 나올 법한 그런 시나리오다. 하지만 이 식은 후에 아인슈타인의 특수상대성이론에 의해 다시 유도되면서 그 물리적 의미도 함께 밝혀지게 된다. 결국 에테르는 추방되었지만 피츠제럴드의 길이수축에 대한 아이디어는 아인슈타인을 통해 그 진가가 드러나게 된다.

20

관성기준틀, 빛 그리고 상대속도

역학적 현상들, 예를 들어 롤러코스트, 자이로드롭, 초음속비행기, 잠수함, 행성의 운동, 은하의 운동 등은 뉴턴의 운동법칙으로 모두 설명이 가능하다. 그리고 앞 절에서는 뉴턴의 운동법칙이 갈릴레오의 상대성원리로부터 유도될 수 있다는 사실도 알았다. 갈릴레오의 상대성원리에 따르면 관성기준틀에서는 모든 물리법칙들이 똑같이 만족된다. 그렇기 때문에 역학적 현상을 포함한 다른 모든 자연현상들, 특히 빛을 포함한 전기와 자기현상들도 당연히 이 원리를 따라야만 할 것이다. 즉, 빛이나 전자기적현상들도 관성기준틀에서는 항상 같은 물리법칙을 따라야하고, 그래서 갈릴레오 변환도 당연히 성립해야 된다. 그런데 정지기준틀과 등속으로 운동하는 기준틀에서 측정한 빛의 이동거리가 갈릴레오 변환을 만족하지 않는다는 사실이 발견 되었다.

이 결과는 빛과 관련된 현상이 갈릴레오의 상대성원리를 따르지 않는다는 것을 의미한다. 하나의 현상이 두 관성기준틀에서 다른 결과로 나타난다는 뜻이다. 그런데 하나의 물리적 현상이 보는 사

관성좌표계 (정지)

빛이 이동한 거리, $L = ct$

관성좌표계 (등속)

람에 따라 결과가 달라진다면 거기에는 아무런 물리법칙이 존재하지 않는다고 할 수 있다. 우리가 과학적 지식이라고 할 때는 누가 보든 결과는 언제나 같아야 된다. 그래서 객관적 지식이라고 할 수 있는 것이다. 관성기준틀 사이에 갈릴레오 좌표변환이 성립하지 않는다는 것은 지금까지 우리가 알고 있는 물리법칙에 무슨 문제가 있거나 아니면 빛에 대해 우리가 모르는 무엇인가가 있다는 의미이다. 무엇이 문제일까? 무엇이 잘못된 것일까? 마이켈슨-몰리 실험을 다시 한 번 떠올려 보자. 이 실험을 통해 알게 된 사실은 에테르가 존재하지 않는다는 것과 또 빛의 속도가 상대운동의 영향을 받지 않는다는 것이다. 예를 들어 한 사람은 가만히 서 있고 다른 한 사람은 빛과 같은 속도로 달려간다고 해 보자.

　두 사람이 각자 측정한 빛의 속도는 얼마가 될까? 정지한 사람

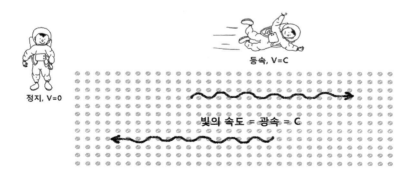

이 볼 때 빛의 속도는 당연히 광속 c가 될 것이고 광속으로 달려가는 사람에게는 상대속도가 0이기 때문에 정지한 것처럼 보일 것이다. 빛의 상대속도가 0이라는 것은 정지하고 있는 빛을 본다는 의미인데, 이런 일이 정말 가능할까? 정지한 빛이 존재할 수 있을까? 아직까지 정지한 빛을 관측했다는 증거는 그 어디에도 없다. 빛은 태어나는 순간부터 사리질 때까지 끝없이 달려가는 존재다. 어쨌든 일상적인 상대속도 규칙에 따르면 빛의 상대속도도 0이 될 수 있다. 이것이 사실이라면 빛 그 자체를 절대좌표계로 사용할 수 있을 것이다. 관측자에 대한 빛의 상대속도를 이용해서 절대정지와 절대등속을 구분할 수 있기 때문이다. 왜냐하면 빛은 언제나 광속 c로 달려가기 때문에 만약 어떤 관측자에게 빛의 상대속도가 c로 측정된다면 이 관측자는 절대정지 상태에 있다고 할 수 있고, 빛의 상대속도가 c가 아니라면 그 관측자는 절대운동 상태에 있다고 할 수 있다.

하지만 빛의 속도는 일상적인 상대속도 규칙을 따르지 않고 언제나 광속 c로 일정하다는 사실이 여러 실험을 통해 밝혀졌다. 관측자의 운동 상태와 무관하게 빛의 속도가 언제나 c로 관측되는 이 상야릇한 결과를 우리는 어떻게 받아들여야 할까? 마이켈슨-몰리 실험을 통해서도 이미 밝혀진 사실이지만 상식에서 벗어난 이 결과를 우리는 또 어떻게 해석해야 될까? 문득 피처제럴드의 길이수축이 생각난다. 상대운동에 따라 상대속도도 달라져야 하는데 유독 빛의 속도만 상대운동에 영향을 받지 않고 항상 일정한 값을 가진다는 사실은 과연 무엇을 의미하는 것일까? 속도는 시간과 공간의 비로 정의되는 물리량인데 빛의 속도가 우리들 상식을 벗어났다

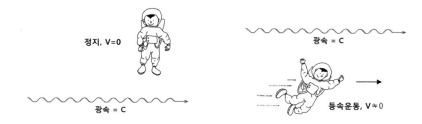

정지, V=0

광속 = C

광속 = C

등속운동, V≠0

는 이야기는 빛의 속도와 관련되어 있는 시간과 공간 역시 비상식
적으로 작동하고 있다고 생각할 수 있다. 혹은 시간과 공간이 이상
한 형태로 뒤죽박죽 얽혀서 그렇게 된 것이 아닐까하는 엉뚱한 생
각마저도 든다. 어쨌든 빛의 속도가 상대운동에 영향을 받지 않는
다는 사실은 우리의 상식을 뒤엎을 만한 일대 사건임에는 틀림없
다. 마이켈슨–몰리 실험의 결과는 에테르를 우주공간에서 추방하
는 대신 광속에 절대성을 부여했다. 속도는 공간적 변화를 시간적
변화로 나눈 물리량인데, 속도가 절대 불변, 즉 속도가 절대적이라
는 의미는 곧 두 양을 나눈 값이 항상 일정해야 하고 또 그렇게 되
기 위해서는 두 양이 서로 얽혀있어야만 가능하다. 독립적이었던
시간과 공간이 광속의 절대성을 위해 서로 얽히게 되었다. 빛은 이
런 존재다. 빛의 속도 때문에 시간과 공간에 문제가 생겼다. 시공의
얽힘 문제는 잠시 미뤄두고 광속의 절대성을 보여주는 실질적인 예
들을 한번 살펴보자.

21

광속불변의 증거

방사광가속기는 전기를 띤 입자가 거의 광속에 가까운 속도로 원운동을 하면서 빛을 만들어 내는 거대한 실험장치로 여기서 만들어진 빛을 '방사광'이라고 한다. 전자나 양성자와 같은 전기를 띤 입자를 거의 광속에 가까운 속도로 가속시켜 빛을 만들어 낸다. 광속에 가까운 어마어마한 속도로 가속되면서 빛을 방출하기 때문에 여기서 만들어진 빛의 상대속도는 정지한 광원에서 나오는 빛의 속도보다 훨씬 빨라야 하는 것이 일반적인 상식이다. 하지만 방사광의 속도는 언제나 c로 측정된다.

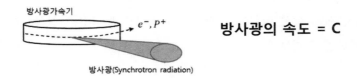

방사광가속기
e^-, p^+
방사광의 속도 = C

방사광(Synchrotron radiation)

빛의 속도가 변하지 않는 또 다른 실험이 있다. 파이온(π^0)이라는 소립자가 있는데, 이 입자는 상태가 매우 불안정해서 생성되자마자 아주 짧은 시간 안에 감마선으로 붕괴해 버린다.

감마선의 속도 = C

만약 거대한 입자가속기로 파이온을 광속의 90 % $(0.9\,c)$에 해당하는 속도로 가속시킨다고 하자. $0.9\,c$의 속도로 달려가든 파이온이 감마선이라는 고에너지 빛으로 붕괴했기 때문에 가속기 바깥에서 이 상황을 지켜보는 우리에게는 감마선의 상대속도가 $0.9\,c + c = 1.9c$로 관측되어야 한다. 하지만 감마선의 상대속도 역시 언제나 광속 c로 측정된다. 파이온 실험을 통해 알 수 있는 사실은 파이온의 속도가 감마선의 속도에 아무런 영향을 끼치지 않았다는 것이다. 일상적인 상대속도와는 완전히 다른 결과지만 이 실험 역시 광속의 불변성을 보여주는 대표적인 사례 중의 하나다. 마찬가지로 일정한 속도로 달리는 자동차와 정지한 자동차에서 전조등을 비출 때, 자동차 밖에 서 있는 관측자에게 전조등 불빛의 상대속도는 모두 광속 c로 측정된다. 이것 역시 빛의 속도가 광원의 운동이나 관측자의 상대운동에 아무런 영향을 받지 않는다는 사실을 나타낸다.

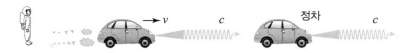

정지하고 있는 관성기준틀에 있는 관측자가 측정한 두 자동차의 전조등 불빛의 속도 = C (불변)

22

갈릴레오 상대성원리의 확장, 로렌츠 변환

갈릴레오의 상대성원리는 우리가 일상에서 경험하는 물리적 현상들을 잘 설명해 줄 뿐만 아니라 다른 모든 역학적 현상들도 또한 이 원리를 만족한다. 그렇기 때문에 빛과 관련된 현상들도 당연히 갈릴레오 상대성원리를 만족할 것이라고 생각할 수 있다. 따라서 어떤 관성기준틀에서 보든 빛과 관련된 현상들은 모두 똑같아 보여야 되고 그래서 이 현상들도 갈릴레오 변환을 만족해야 된다. 이것을 확인하기 위해 갈릴레오의 상대성원리를 빛에도 한 번 적용시켜 보자. 예를 들어 3차원 공간에서 물체가 이동한 거리는 어떤 관성기준틀에서 측정하던 항상 똑같은데, 이 상황을 빛에 적용했을 때도 그 결과가 갈릴레오 상대성원리를 만족하는지 한번 조사해 보자. 진공 속을 달려가는 빛을 바라보고 있는 두 관성좌표계(정지와 등속)에 있는 관측자 사이에 갈릴레오 좌표변환을 시켜보자.

두 사람은 각자의 좌표를 기준으로 빛이 이동한 거리를 측정한다. 두 기준틀에서의 위치좌표는 x, y, x', y'로 그리고 시간좌표는 t, t'로 표시하자. 프라임($'$)이 붙어 있는 문자는 운동하는 기준틀에서 본 좌표를 나타낸다. 3차원 공간에서 t시간 동안 빛이 이동

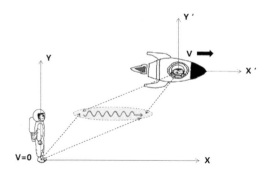

한 거리는 피타고라스정리를 이용하면 정지좌표계에서 본 이동거리는 $x^2 + y^2 + z^2 = (ct)^2$ 가 되고 또 등속운동하는 좌표계에서는 $x'^2 + y'^2 + z'^2 = (ct')^2$ 가 된다. 여기서 빛은 x -축을 따라 진행하고 또 등속운동하는 관측자 역시 빛과 나란한 방향으로 속도 v 로 운동하고 있다. 이 경우 y 와 z 축 좌표는 변하지 않는다. 두 좌표 사이의 갈릴레오 변환은 다음과 같이 주어진다.

$$x' = x - vt, \quad y' = y, \quad z' = z, \quad t' = t$$

두 관측자가 측정한 빛의 이동거리를 위 좌표변환에 적용시켜 보자.

$$x'^2 + y'^2 + z'^2 = (x - vt)^2 + y^2 + z^2$$
$$= x^2 + y^2 + z^2 + [-2xvt + (vt)^2]$$

위 식의 좌변과 우변을 비교해 보면 우변에 있는 여분의 항인 ' $-2xvt + (vt)^2$ ' 때문에 $x'^2 + y'^2 + z'^2 = x^2 + y^2 + z^2$ 관계가 성립하지 않는다는 것을 알 수 있다. 이 결과는 빛의 이동거리가 관측자의 운동 상태에 따라 다르게 보인다는 것을 의미한다. 이렇게 빛의 이동거리는 갈릴레오의 상대성원리를 따르지 않는다. 이 결과가 의미하는 것은 과연 무엇일까? 혹시 우리들이 모르고 있는 무슨 원리가 여기에 숨어있지 않을까? 이 수수께끼 같은 문제를 해결한 학자가 있다. 바로 로렌츠다. 로렌츠는 모든 관성기준틀에서 볼 때 빛의 이동거리가 같아지도록 새로운 좌표변환을 도입했다. 이 좌표변환을 두 관성기준틀에 적용하면 모든 관측자에게 빛의 이동거리가 똑같아지기 때문에 결과적으로 상대성원리를 만족하게 된다. 로렌츠에 의해 도입된 새로운 좌표변환을 '로렌츠 좌표변환'이라고 하며, 두 좌표사이의 관계는 다음과 같이 주어진다.

$$x' = \gamma(x - vt), \quad y' = y, \quad z' = z, \quad t' = \gamma(t - vx/c^2)$$

여기서 $\gamma = 1/\sqrt{1 - (v/c)^2}$ 이다. v와 c는 운동하는 기준틀의 속도와 빛의 속도를 각각 나타낸다. 로렌츠 변환은 모든 관성좌표계에서 빛의 이동거리가 똑같아지도록 단지 수학적으로만 유도된 좌표변환 식이다. 왜 이 식들은 갈릴레오의 좌표변환 식들과 다를까? 빛은 왜 갈릴레오 변환을 따르지 않고 로렌츠 변환을 따를까? 그리고 이 식들의 물리적 의미는 과연 무엇일까? 로렌츠 변환 자체가 순전히 수학적으로 유도된 식이기 때문에 로렌츠 자신도 이 식들에 대한 정확한 물리적 의미를 제시하지는 않았다. 이 식들에 대한 물리적 의미와 해석은 또 다시 아인슈타인의 몫으로 남겨졌다. 아인슈타인이 상대성이론을 발견할 때 까지는 어느 누구도 로렌츠 변환에 대한 물리적 의미를 제대로 파악하지 못했다. 우선 식의 형태를 통해 그 속에 담겨있는 물리적 의미를 조금이나마 파악해 보자.

로렌츠와 갈릴레오 좌표변환, 그 속에 담긴 물리적 의미

지금까지 일반원리로 받아들여졌던 갈릴레오 변환이 빛과 관련된 현상에는 적용할 수 없다는 사실을 알았다. 그럼 더 이상 쓸모가 없어진 걸까? 이것을 알아보기 위해 갈릴레오 변환과 로렌츠 변환 사이에 어떤 관계가 있는지 한번 검토해 보자. 로렌츠 변환에는 γ -항이 있고 여기에는 물체의 속도 v와 광속 c가 포함되어 있다. 만약 운동하는 물체의 속도가 광속에 비해 아주 작을 경우에는 $(v/c)^2$ 값이 너무 작아 거의 무시할 수 있고 γ는 근사적으로 1로 취급할 수 있다. 이 조건을 로렌츠 변환 식에 대입하면 흥미롭게도 갈릴레오 변환식과 같아지는 것을 알 수 있다.

$$\gamma = \frac{1}{\sqrt{1-(v/c)^2}} \quad \Rightarrow \quad x' = \gamma(x-vt), \quad t' = \gamma(t-vx/c^2)$$

$$v/c \ll 1 \to \gamma \sim 1 \quad \Rightarrow \quad x' = x-vt, \quad t' = t$$

일상에서 경험하는 대부분의 속도는 광속에 비해 훨씬 작기 때문에 이처럼 갈릴레오 변환은 속도가 작을 때 만족하는 로렌츠 변환의 한 버전이라고 할 수 있다. 따라서 로렌츠 변환은 물체의 속도가 크든 작든 관계없이 모든 경우에 적용되는 일반적인 좌표변환이라는 것을 알 수 있다. 여기서 γ-항을 한번 더 살펴보자. $\gamma = 1/\sqrt{1-(v/c)^2}$ 에서 만약 물체의 속도 v가 광속 c 보다 크면 제곱근 속의 값이 1보다 작아 허수가 된다. 허수는 실제 세계를 그릴 수 없기 때문에 우주의 최대 임계속도는 빛의 속도로 제한된다. 더구나 질량을 가진 물체나 우주선 등이 광속비행을 할 경우, 즉 $v = c$가 되면 γ-항이 무한대가 되어 이 조건 역시 물리적으로 제한된다. 이 때문에 SF영화에서나 가능한 광속비행이 실제로는 불가능하게 된다. 하지만 빛만은 광속비행이 허용된다. 왜냐하면 빛은 질량을 가지지 않기 때문에 광속으로 운동하더라도 질량이 무한대로 발산하는 문제가 생기지 않기 때문이다. 이 외에도 γ-항 때문에 나타나는 더 큰 문제는 길이와 시간의 척도가 속도에 따라 달라질 수 있다는 것이다. 길이와 시간이 속도에 따라 달라진다는 것이 무슨 의미일까? 일상에서는 길이와 시간의 척도가 운동과 무관한 절대 불변의 물리량인데 속도에 따라 그 크기가 달라진다는 것이 상식적으로 도무지 이해가 되질 않는다. 로렌츠 변환으로부터 상상할 수 없는 일들이 봇물 터지듯 막 쏟아져 나오는 것 같다. 여기에 더해 로렌츠 변환 속에 내포되어 있는 진짜 놀라운 사실은 공간과 시간이 좌표변환을 통해 서로 뒤섞여 있다는 것이다. 원래 시간과 공간은 완전히 독립적인 물리량이었는데, 로렌츠 변환 때문에 두 양이 서로 얽혀 하나의 '시공간 연속체'라는 물리량으로 재탄생하게 된다. 로렌츠 변환 때문에 우리는 길이와 시간이 뒤범벅된 이상한 나라와 조우하게 되었다. 지금까지 우리는 서울이나 달이나 별들 그리고 가만히 앉아 있는 사람이나 아주 빠른 초음속 비행기를 타고 있는 사람이나 우주 어디에서나 똑같이 흐르는 절대시간 속에서 살아왔다. 공간도 마찬가지다. 그런데 시간의 흐름이나 공간의 척도가 운동에 따라 달라질 수 있다는 것은 시간과 공간의 일대 혁명이라 할 수 있다. 시간과 공간은 더 이상 독립적이지 않고 서로 얽혀 '시공간 연속체'를 이룬다. 도무지 알 수 없는 그리고 터무니없기까지 한 이런 이야기들을 어떻게 이해해야 될까? 그 해답은 당연히 아인슈타인에게 있다. 지금까지 우리를 혼란의 도가니로 몰아넣었던 그 모든 문제들이 아인슈타인에 의해 어떻게 해결되는지 그 과정을 한번 따라가 보도록 하자.

24

아인슈타인의 고민과 해결방안

이 모든 문제들을 해결하기 위해 아인슈타인은 우리 앞에 던져진 난관들을 하나씩 정리하기 시작했다. 첫 번째 갈릴레오의 상대성원리다. 관성기준틀에서는 모든 물리법칙이 똑같아야 한다는 명제가 정말로 일반적인 원리인가에 대한 물음이다. 두 번째로는 광속은 정말 상대운동에 영향을 받지 않고 모든 관성좌표계에 있는 관측자들에게 항상 똑같은 속도로 관측되는가하는 문제다. 마지막으로 로렌츠 변환에 따른 공간과 시간의 얽힘에 관한 물음이다. 길이와 시간이 상대운동에 따라 늘었다줄었다 하는 것이 물리적으로 무슨 의미를 가지는지에 대한 의문이다. 아인슈타인은 이 모든 것을 만족하는 이론을 찾기 위해 빛과 함께 여행길에 올랐다. 과연 아인슈타인은 빛으로 부터 어떤 해결의 실마리를 얻게 될까? 빛과의 오랜 동행 끝에 아인슈타인은 번뜩이는 직관으로 이 모든 의문을 한꺼번에 해결할 수 있는 방안을 찾았다. 그 방안은 상대성원리와 광속불변원리로 이것은 아인슈타인이 시간과 공간 그리고 빛에 대한 새로운 물리체계를 완성하는데 있어 반드시 필요한 전제조건이었다.

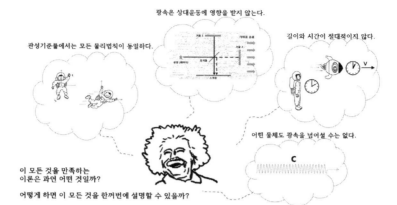

광속은 상대운동에 영향을 받지 않는다.

관성기준틀에서는 모든 물리법칙이 동일하다.

길이와 시간이 절대적이지 않다.

어떤 물체도 광속을 넘어설 수는 없다.

이 모든 것을 만족하는
이론은 과연 어떤 것일까?

어떻게 하면 이 모든 것을 한꺼번에 설명할 수 있을까?

이 모든 것을 설명할 수 있는 아인슈타인의 제안

첫 번째 제안) 제 1 가설 – 상대성원리
힘이 작용하지 않는 관성기준틀에서는 모든 물리법칙들이 동일하다.

두 번째 제안) 제 2 가설 – 광속불변원리
진공에서 빛의 속력은 관측자나 광원의 상대운동과 무관하게
모든 관성기준틀에서 항상 일정한 값을 가진다.

2부

특수상대성이론

25

특수상대성이론의 등장

아인슈타인은 자신이 제안한 두 가지 가설을 바탕으로 로렌츠 변환을 이론적으로 유도할 수 있었다. 이것은 로렌츠 변환에 대한 물리적 의미뿐만 아니라 수학적 결과들에 대한 물리적 해석을 가능하게 했다는 뜻이다. 이렇게 아인슈타인이 두 가지 가설로 부터 완성한 시간과 공간에 대한 새로운 이론체계를 '특수상대성이론'이라고 한다. 여기서 '특수'는 힘이 작용하지 않는 특수한 조건의 의미를 담고 있으며, 따라서 특수상대성이론은 힘이 0인 관성기준틀에서만 성립하는 상대성이론이다. 마치 신이 빛이 있어라하니 빛이 나타나고 세상이 생겨난 것처럼 아인슈타인은 두 가지 가설을 이 세계에 가지고 와서 완전히 새로운 시공의 체계를 완성했다. 아인슈타인을 천재라 부르는 이유는 아마도 무질서하게 흩어져 있던 의문의 조각들을 하나로 꿸 수 있었던 통찰력과 뛰어난 직관력 때문이 아닐까 싶다.

특수상대성이론이라는 안경을 끼고 주변을 둘러보면 지금까지 우리가 알고 있던 세계와는 전혀 다른 세계를 만나게 된다. 두 가지 가설 중에서 특히 광속불변원리는 지금까지 절대적이라고 믿었던 시간과 공간 개념을 송두리째 바꿔 놓았다. 관측자의 운동상태와 무관하게 어느 누구에게나 똑같았던 절대시간과 절대공간은 빛의 속도, 즉 광속을 일정하게 유지시키기 위해 관측자의 운동상태에 의존하는 상대시간과 상대공간으로 변했다. 더구나 전에는 시간과 공간이 독립적인 양이었는데, 광속의 불변성을 위해 시간과 공간이 '시공간'이라는 하나의 개념으로 얽혀버렸다. 특수상대성이론은 이렇게 시공간이 관측자의 운동상태에 따라 마구 변하는 이상한 나라에서 일어나는 이상한 현상들을 설명할 수 있는 완전히 새로운 이론체계이다.

시간과 공간이 얽혀있다는 것이 무슨 뜻인지, 또 물리적으로 어떤 의미를 가지는지 쉽사리 이해가 되질 않는다. 우리는 아직도 시간과 공간이 독립적으로 존재하는 세계에 살고 있다. 시간이나 공간의 절대성을 한 번도 의심한적 없었는데, 시간과 공간의 실체가 상대적이라느니 변한다느니 하는 이야기를 도대체 우리는 어떻게 받아들여야 할까? 아무런 문제없이 잘 살고 있는데 빛이 또 우리들을 시공간의 혼돈 속으로 끌고 가는 것 같다. 공상과학소설이나 SF 영화에서나 있을 법한 그래서 상상의 세계에서나 가능한 그런 시공간의 변화! 특수상대성이론이 우리를 이상한 시공간의 나라로 안내하고 있다. 시공간이 뒤틀리기도 하고 갑자기 텅 빈 허공에 시공간 터널이 생기는가 하면 또 타임머신을 타고 과거와 미래로 여행하는 등 우리의 오감으로는 전혀 느낄 수 없는 이상한 현상들로 가득 찬 상대성이론의 세계! 광속에 점점 가까워지면 상대성이론이 지배하는 이상한 나라의 문이 스르르 열린다. 여기서 부터는 아인슈타인이 마련해 준 특수상대성이론이라는 가이드북을 챙겨야지만 안전한

여행을 할 수 있다.

자! 그럼 지금부터 특수상대성이론이 지배하는 이상한 나라로 여행을 떠나보자. 그 전에 반드시 챙겨야 할 준비물이 하나 있는데, 시간을 측정할 수 있는 특별한 시계로 아인슈타인이 발명한 빛으로 작동하는 시계다. 빛으로 작동하기 때문에 이 시계를 '광(빛)시계'라고 부른다. 광시계는 광원으로 사용할 레이저와 두 장의 거울로 구성되어 있어 빛이 두 거울 사이를 한 번 왕복할 때마다 1초가 흐르도록 설계되어 있다. 여기서 빛을 이용하여 시간을 측정하는 이유는 모든 물체를 이루고 있는 원자나 분자들 사이의 상호작용에는 빛이 관여하기 때문이다. 예를 들어 전자들 사이에는 전기적 척력이 작용하는데, 척력 역시 가상의 빛을 주고받으며 전자들이 상호작용한 결과로 나타나는 힘이다. 이렇게 우주에 존재하는 모든 물질계의 상호작용이나 내부에서 진행되고 있는 반응들 역시 빛을 매개하거나 광속과 관련이 있다. 따라서 모든 물질계는 자신만의 광시계를 하나씩 다 가지고 있다. 이것이 바로 광시계를 사용하는 이유다.

이제 광시계를 이용하여 시간을 한번 측정해 보자. 먼저 광시계 옆에 가만히 서 있는 관측자의 경우를 살펴보자. 이 관측자는 빛이 거울 1에서 거울 2로 그런 다음 거울 2에서 반사되어 다시 거울 1

| 광시계 | 정지한 계의 광시계 | 운동하는 우주선 속의 광시계 | 가상의 광자를 주고받으며 상호작용하는 전자 |

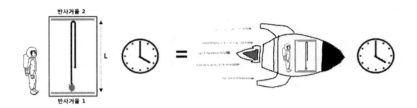

로 진행하는 빛을 보게 된다. 일정한 속도로 달려가는 우주선 속에서도 상황은 마찬가지인데, 즉 우주선 안에서는 관측자와 광시계가 서로에 대해 정지해 있기 때문에 정지한 우주선의 경우와 정확히 같은 상황이다. 그렇기 때문에 우주선에 있는 관측자나 정지한 관측자가 자신의 시계로 측정하는 시간은 똑같다.

이번에는 서로 상대방의 시간을 측정한다고 해보자. 즉, 우주선 밖에 서있는 관측자는 우주선에 안에 놓여있는 광시계를 보고, 또 우주선 안에 있는 관측자는 우주선 밖에 놓여 있는 광시계를 보는 상황이다. 이렇게 상대방의 광시계를 바라보며 측정한 시간은 자신의 시계로 측정한 시간과 같을까 아니면 전혀 다를까? 그럼 먼저 우주선 밖에서 우주선을 바라볼 때 광시계의 시간이 어떻게 측정되는지 한번 알아보자. 마이켈슨-몰리 실험을 떠올려보면 이해가 좀 더 쉬울 것 같다. 에테르에 대해 수직으로 진행하는 빛의 경로를 다룬 적이 있다. 여기서의 상황이 그것과 정확하게 일치한다. 우주선 밖에서 보면 우주선의 속도 때문에 광시계의 빛이 대각선 경로를 따라 비스듬히 진행하는 것을 보게 된다. 거울1로 진행할 때나 거울2에서 반사되어 되돌아오는 경우 모두 대각선 경로를 따라 진행하는 빛을 보게 된다.

이 상황을 지켜보고 있던 관측자는 자신의 광시계에 비해 우주

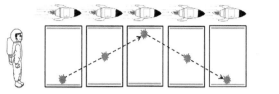

우주선 속에서는

시간이 얼마나 느리게 흐를까?

선 속에 있는 광시계의 시간이 느리게 흐르는 것을 보게 된다. 왜 냐하면 자신의 광시계는 빛이 직선경로를 따라 왕복운동을 하는 반면 우주선 속에 있는 광시계의 빛은 대각선 경로를 따라 왕복운동하기 때문이다. 여기서 빛의 속도는 광속불변원리에 따라 어디에서나 일정하다. 그래서 직선경로를 따라 진행할 때보다 대각선 경로를 따라 진행할 때 시간이 더 걸리게 된다. 따라서 바깥에 서 있는 관측자는 자신의 시계는 '똑딱똑딱'하며 시간이 흐르지만 우주선에서는 '똑~딱~똑~딱'하고 시간이 느려지는 것을 관측하게 된다. 즉, 자신의 시간에 비해 우주선 안에서는 시간이 더 느리게 흐르는 것이다. 이렇게 광시계를 이용하면 간단한 기하학적 해석을 통해 시간의 흐름을 직접 눈으로 확인할 수 있는 이점이 있다. 상대론적 현상들을 설명하기 위해 광속의 불변성을 바탕으로 아인슈타인이 직접 발명한 시계가 바로 광시계, 즉 시간시각화장치다.

26

시간의 상대성, 달리는 우주선 속에서는 시간이 느려진다.

시간의 신 크로노스가 전 우주의 시간을 지배한다. 그래서 우리 우주에는 하나의 시계뿐이며 또 시간은 일정한 간격으로 영원히 흐른다. 우리가 지금, 이 순간 이라고 하면 이것은 전 우주가 같은 시점 즉 동시적 시점에 있다는 것을 의미한다. 우리는 이런 시간에 살고 있다. 절대적으로 존재하고 또 절대불변인 그런 시간, 즉 절대시간 속에서 일상을 살아가고 있다. 그런데 절대시간에 대한 우리의 생각과 믿음을 더 이상 유지할 수 없게 되었다. 광시계를 통해 확인한 시간은 더 이상 절대적이지 않고 관측자의 상대운동에 따라 변할 수 있는 그런 상대적인 물리량이다. 광속불변원리에 따라 빛의 속도가 일정하게 유지되는 세계에서는 시간의 흐름도 제각각이고 그리고 하나의 사건이 서로 다른 시간에 존재할 수도 있다. 나의 지금이 다른 사람에게는 나중이 될 수 있는 그런 상대시간이 지배하는 세계! 이제 우리는 서로 다른 시간의 척도로 세상을 바라봐야 한다. 특수상대성이론이 마법의 지팡이라도 된 듯 시간을 마음대로 주무를 수 있게 되었다. 이제 시간은 절대성을 버리고 상대성이라는 망토를 걸친 야누스가 되었다.

지금부터 시간이 어떻게 늘었다 줄었다할 수 있는지 광속의 불
변성과 운동의 상대성을 이용하여 한번 해석해 보자. 앞 절에서처
럼 여기에서도 두 관측자가 있다고 하자. 한 사람은 가만히 서 있
고 다른 한 사람은 일정한 속도로 운동하는 우주선에 타고 있다.
각자 자신의 광시계를 가지고 있으며 이 광시계로 측정한 시간을
'고유시간 (t_0)'이라고 하자. 고유시간은 우리가 손목시계로 재는
시간과 같다.

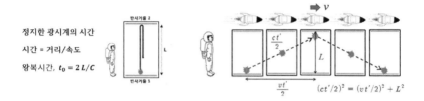

앞 절에서 살펴 본 것처럼 우주선 밖에 서 있는 관측자가 우주
선 속의 광시계를 보면 우주선의 상대운동 때문에 빛이 대각선 경
로를 따라 진행하는 것을 보게 된다. 자신의 광시계에서는 빛은 여
전히 직선경로를 따라 왕복한다. 따라서 우주선에 놓여있는 광시계
의 왕복시간이 자신의 광시계보다 길어지게 된다. 광시계의 1초는
빛이 한 번 왕복하는데 걸리는 시간이기 때문에 자신의 광시계가 1
초를 가리킬 때 우주선 속의 광시계는 아직 1초에 못 미치는 시간
이다. 그럼 우주선 밖에서 볼 때 우주선 안에 놓여있는 광시계의
왕복시간(t')이 어떻게 측정되는지 한번 알아보자. 대각선 경로는
수평경로와 수직경로의 합으로 주어지는데, 그 크기는 피타고라스
정리로 쉽게 얻을 수 있다. 수평경로는 '우주선의 속도×시간'이기
때문에 vt'가 되고 수직경로는 두 거울 사이의 거리가 된다. 여기

서 두 거울 사이의 거리는 모두 L이다. 그러면 빛이 진행한 대각선 경로는 피타고라스정리에 따라 '(대각선 경로)$^2 = (vt')^2 + (L)^2$이 된다. 이 결과를 시간 t'에 대해 정리하면 다음과 같다.

$$t' = \frac{2L/c}{\sqrt{1 - (v/c)^2}} = \frac{t_0}{\sqrt{1 - (v/c)^2}}$$

이것이 바로 우주선 밖에서 측정한 우주선 안의 시간이다. 이 식을 보면 우주선 밖에서 측정한 시간 t'가 우주선 안에서의 고유시간 t_0 보다 항상 크다는 것을 알 수 있으며, 우주선 안에서의 시간이 바깥에서 측정한 시간 t' 보다 언제나 느리게 흐른다는 것을 의미한다. 이것이 바로 특수상대성이론의 대표적인 결과 중의 하나인 '시간지연효과'이다. 이 식을 좀 더 살펴보면 우주선의 속도가 빠를수록 시간의 흐름이 점점 더 느려지는 것을 알 수 있다. 그리고 속도 v가 광속 c와 같아지는 조건 $v = c$에서는 위 식의 분모가 0이 되면서 $t_0 = 0 \cdot t' = 0$이 되어 시간이 흐르지 않고 멈추는 일도 가능하다. 정말 시간이 멈출 수 있을까? 우선 그러기 위해서는 광속으로 비행해야 되는데, 전 우주를 통틀어 광속이 가능한 존재는 빛이 유일하다. 따라서 빛만이 나이를 먹지 않고 영원히 살 수 있는 존재다. 빛은 이렇게 나이를 먹지 않는 불로장생의 존재가 되었다. 하지만 너무 빨리 달리는 대가로 다른 물질과 더 빨리 만나게 되고, 또 흡수되면서 유한한 수명을 가지게 된다. 이런 점에서는 왠지 우주가 좀 공평한 것 같기도 하다. 특수상대성이론은 절대시간을 버리고 상대시간을 선택했다. 이제 크로노스는 사라지고 오직 관측자의 상대운동이 시간의 지배자가 되었다. 드디어 특수상대성이론이 지배하는 이상한 나라에 첫발을 내 디뎠다. 이상한 나라에 들어서자마자 시계들이 마구 제멋대로 돌아간다. 걷는 사람, 달리는 사람, 가만히 서 있는 사람, 거북이, 토끼, 열차, 비행기...시계바늘은 서로의 상대속도에 따라 제멋대로 돌아간다. 이런 이상한 나라에서는 누구의 시계가 또 어떤 시간이 기준이 될까? 혼란스럽지만 우리는 곧 이 세계에 익숙해질 것이다. 항상 그래왔듯이!

{ **아인슈타인의 첫 발견 – 시간이 상대적이다.** }

절대적이라고 믿었던 시간이 관측자의 운동상태에 따라 달라진다.

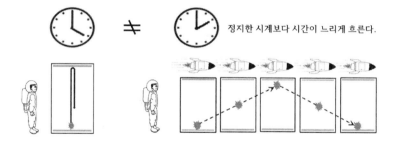

정지한 시계보다 시간이 느리게 흐른다.

27

광속의 절반으로 달리면 시간이 얼마나 느려질까?

우주선 밖에 서 있는 관측자가 광속의 절반 속도로 날아가는 우주
선을 바라보고 있다. 정지한 관측자가 볼 때 우주선에서는 시간이
얼마나 느리게 흐를까? 시간지연효과를 이용하여 두 관측자 사이의
시간지연 정도를 계산해 보자.

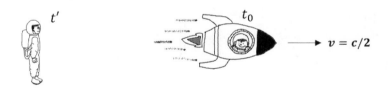

우주선이 광속의 절반인 속도, $v = c/2$로 날아가고 있다. 시간지
연효과에 따르면 속도가 빠를수록 시간도 더 많이 지연된다. 만약
우주선 밖에 서 있는 관측자가 10초 동안 우주선을 바라보고 있었
다면, 즉, 자신의 광시계가 가리키는 시간이 10초였다면 우주선 안
에서는 얼마의 시간이 흘렀을까? 시간지연효과를 적용하여 우주선
안에서의 고유시간 t_0를 계산해 보면 다음과 같다.

$$t' = \frac{t_0}{\sqrt{1-(v/c)^2}} = \frac{t_0}{0.866} = 10초 \implies t_0 = 8.66초$$

우주선 밖에 서 있는 관측자가 자신의 시계로 10초 동안 우주선을 바라보고 있는 동안 우주선 안에서는 8.66초가 흘렀다는 것을 의미한다. 두 관측자의 시간을 비교해 보면 $t'/t_0 = 1.15$배 정도 시간지연이 됐음을 알 수 있다. 진시황이 영생을 꿈꾸며 불로초를 찾기 위해 전 세계로 신하들을 보냈다는 이야기는 유명하다. 진시황이 학문에 열중하여 시간지연효과를 발견했다면 지금도 살아남아 중국을 넘어 인류의 과학기술을 비약적으로 발전시켰을 텐데 한갓 오래 살고자하는 한 인간의 욕망으로 끝나버려 아쉬울 따름이다. 속도가 빠를수록 시간지연이 많이 일어나고 또 광속에 가까울수록 시간지연정도가 점점 커지는 것은 모두 상대속도 때문이다. 그리고 시간지연 정도는 속도가 0인 상태에서 우주 최고속도인 광속 사이에서 늘었다줄었다 한다. 이렇게 상대론적 시간의 중심에는 시간과 공간의 비로 정의되는 속도가 있다. 이런 이유로 공간, 시간, 속도, 그리고 광속에 대해 한번 더 생각해 보게 된다.

28

이상한 나라에 한 발짝 더, 사건의 동시성

절대시간 관점으로 세상을 바라보면 우리는 언제나 똑같은 시간을 공유한다. 우리가 어떤 사건에 대해 이야기하는 매 순간도 다른 모든 사람에게는 언제나 동시적 순간이다. 특수상대성이론이 지배하는 나라에 들어서기 전에 우리는 하나의 시점이 모든 사람들에게 동시인 그런 세계에 살고 있었다. 하지만 특수상대성이론이 지배하는 이상한 나라에 들어서는 순간 '동시'라는 개념은 사라지고 각자 자신의 시점과 시간을 가지게 된다. 즉, 관측자의 상대속도에 따라 시간이 서로 다르게 흘러가기 때문에 이상한 나라에 있는 모든 사람들은 각자 자신의 시계로 시간을 잰다. 여기서는 약속도 함부로 할 수 없고 또 어떤 한 사건을 두고 '지금 일어난 사건'이라고 말하는 것 자체가 무의미해진다. 왜냐하면 '지금'이라는 시점이 각자의 운동 상태에 따라 달라질 수 있기 때문이다. 우리의 보통 시간 개념으로는 도무지 이해할 수가 없다.

　보통의 일상에서는 서울에 있는 친구에게 나 '지금' 버스를 탔는데 라고하면 그 친구에게도 '지금'은 같은 시점이다. 이 경우 두 친구에게 '지금'은 '동시적' 시점이 된다. 마찬가지로 우리 세계에서는 모든 사건들이 동시적이다. 번개가 치거나 비행기가 날아다니거나 하는 모든 현상은 누구에게나 동시적 사건들이다. 그리고 서울에서 어떤 사건이 발생하면 전국에 있는 모든 사람들에게 그 사건은 같은 시점에 일어난 사건이 된다. 그런데 동일한 하나의 사건이 서울에 있는 사람에게는 3시, 부산에 있는 사람에게는 5시에 일어났다고 하는 것 자체가 상식적으로 모순일 뿐만 아니라 그럴 경우 거기에는 시간의 기준을 어디에 둘지도 모호해 지고 그래서 사건을 제대로 정의할 수조차 없을 것이다. 그렇기 때문에 보통의 일상에서는 어떤 한 시점에 발생한 사건은 전 우주에 걸쳐 동시적 사건이 되며, 절대시간을 사용하는 우리에게는 '동시'라는 것이 절대적 사실이다.

지금까지 우리는 절대시간으로 사건 발생 시점이나 경과시간 등을 정의해 왔다. 그래서 우리가 '지금 일어난 사건'으로 경험한 것은 전 세계 사람 누구에게나 지금이 되며, 곧 동시적 사건이 된다.

그런데 특수상대성이론이 지배하는 이상한 나라에서는 나의 지금이 다른 사람에게는 지금이 아닐 수 있다. 너와 나의 지금이 서로 다르면 두 사람은 어느 시점에 기준을 두어야 할까? 이렇게 시

모두 같은 시간에, 즉 동시 일어나고 있는 사건들인데, 이것이 동시가 아닐 수 있다는 것은 과연 무슨 의미일까?

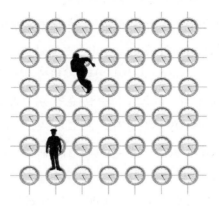

절대공간, 절대시간에서는 모든 사건이 동시적이다.

간이 뒤죽박죽인 이상한 나라에서는 사건을 어떻게 취급하고 또 해결해야 될까? 뭔가 나름의 기준을 정해야 할 텐데 점점 더 복잡해지는 것만 같다. 이상한 나라에서 벌어지는 '동시성의 문제'에 대한 비밀을 풀기 위해서는 역시 아인슈타인의 생각을 좇아가는 수밖에 없을 것 같다. 아인슈타인은 동시성의 문제를 어떻게 생각하고 있었을까? 아인슈타인은 우리가 동시적이라고 하는 사건이 실제로는 우리가 어떤 운동 상태에 있느냐에 따라 동시적일 수도 있고 아닐 수도 있다고 주장한다. 즉, 동시적이라는 시점이 관측자의 상태에 따라 달라지기 때문에 동시성도 상대적이라는 것이다. 상대속도에 의존하는 시간지연 정도에 따라 시간의 흐름이 달라지기 때문에 더 이상 '동시'나 '지금'이라는 시점은 그 의미를 잃게 된다. 그래서 특수상대성이론이 지배하는 이상한 나라에서는 동시성이 큰 의미를 가지지 못하게 된다. 결국 동시성의 문제는 광속의 절대성 때문에 상대운동에 따라 시간지연이 발생하고 그래서 서로 다른 시간의 흐름으로 사건을 바라보기 때문에 나타나는 자연스러운 현상이다. 시간의 실체가 점점 더 모호해지고 또 혼란스럽기까지 하다. 하지만 상대성이론이 지배하는 이상한 나라에서 살아남기 위해서는 이곳을 지배하는 시간의 실체를 반드시 파헤쳐야만 한다. 우선 광시계와 상대운동을 이용해서 동시성 문제를 조사해 보자.

29

동시성의 상대성

일상에서 동시적 사건으로 인식되는 한 사건을 상대론적 관점에서 한번 재해석 해보자. 이 실험에는 두 관측자가 참여하는데, 한 사람은 정지해 있고 다른 한 사람은 일정한 속도로 날아가는 우주선을 타고 있다. 우주선이 출발하기 전에 두 사람은 같은 위치에 있었다고 하자. 그리고 두 사람의 오른쪽과 왼쪽에는 광원이 놓여 있으며, 광원은 두 사람으로부터 같은 거리 L만큼 떨어져 있다. 광원이 켜지는 시점에 맞춰 우주선은 운동을 시작한다. 이제 양쪽에 있는 광원을 켜보자. 정지하고 있는 관측자는 가만히 서 있는 상태로 양쪽 광원의 불빛을 보고 있고, 우주선에 있는 관측자는 오른쪽으로 달려가면서 양쪽 광원의 불빛을 본다. 두 사람에게 광원이 켜지는 사건은 동시적일까 아니면 서로 다른 시점에 일어난 사건일까? 여기서 빛의 속도는 광속불변원리에 따라 항상 c로 일정하다.

먼저 정지한 관측자의 경우를 보자. 이 경우 관측자는 중앙에 가만히 서 있기 때문에 왼쪽과 오른쪽에서 출발한 빛은 동시에 관측자에게 도달한다. 따라서 정지한 관측자에게는 이 두 사건이 동시

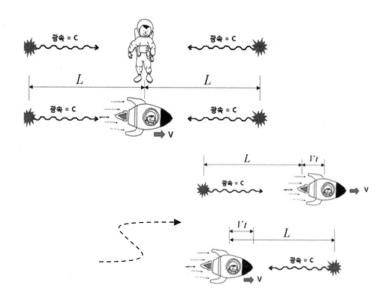

적 사건이 된다. 이번에는 우주선에 있는 관측자의 관점이다. 우주
선은 오른쪽을 향해 일정한 속도 v로 달려가고 있다. 즉, 오른쪽으
로 달려가면서 오른쪽과 왼쪽 광원에서 출발한 빛을 보게 된다. 이
경우 우주선은 왼쪽 광원에서는 멀어지고 반면에 오른쪽 광원 쪽으
로 점점 더 가까워진다. 따라서 왼쪽과 오른쪽에서 출발한 빛은 서
로 다른 시간에 우주선에 도달한다. 당연히 오른쪽 광원에서 출발
한 빛이 우주선에 먼저 도달할 것이고 왼쪽에서 출발한 빛은 그 이
후에 도달할 것이다. 결국 우주선에 타고 있는 관측자는 양쪽의 광
원이 서로 다른 시간에 켜졌기 때문에 이들 두 사건은 동시적 사건
이 아니라고 주장한다. 이와 같이 광원과 관련된 하나의 사건이 관
측자의 운동 상태에 따라 동시적일수도 있고 동시가 아닐 수도 있
다. 이 결과를 놓고 두 사람이 통화를 한다고 해 보자. 두 사람은

서로의 주장을 어떻게 받아들일까? 두 사람은 누구의 주장이 옳다고 생각할까? 아마 자신이 관측한 결과가 참이라고 주장할 것이다. 결국 두 사람은 의견의 일치를 보지 못하고 서로 상대방이 틀렸다고 강력하게 주장하며, 결코 상대방의 주장에 동의하지 않을 것이다. 하지만 이것은 엄연한 과학적 사실이다. 특수상대성이론이 지배하는 이상한 나라에서는 관측자의 운동 상태에 따라 하나의 사건이 누구에게는 동시적일 수도 또 다른 관측자에게는 서로 다른 시점에 일어난 사건이 될 수 있다. 사실은 우리도 상대성이론이 지배하는 이상한 나라에 살고 있지만 일상에서는 상대속도의 크기가 광속에 비해 너무나 작기 때문에 그 효과가 너무 미미해서 잘 느끼지 못할 뿐이다. 만약 상대속도가 광속에 가까워지면 시간지연효과가 두드러지게 드러나면서 실제로 동시성이 깨지는 순간을 경험할 수 있을 것이다. 지금부터 우리는 '지금'이라는 시점의 주인이 따로 있다는 사실을 받아들여야만 한다. 나와 너의 지금은 서로 다를 수 있기 때문이다. 그럼 이제부터는 누구의 시간을 진짜 시간이라고 해야

시간의 흐름은 관측자가 어떤 운동상태에 있는지에 따라 달라진다.

누구나 자신의 세계에서는 자신만의 시간이 있다.

시간의 상대성

하나? 하나의 사건을 두고 서로 다른 시간에 일어난 사건이라고 주장한다면 우리는 이런 문제를 어떻게 해결해야 될까? 다행스럽게도 우리는 빛의 속도보다 아주 느린 보통의 세상에서 살고 있기 때문에 아직은 동시성의 문제를 그리 심각하게 받아들이지 않아도 된다. 하지만 광속에 가까워질수록 이야기는 달라지는데, 왜냐하면 그땐 이미 동시성이 깨지는 이상한 나라에 들어선 후이기 때문이다.

30

공간의 상대성, 달리는 우주선의 길이가 짧아진다.

우리는 공간이 균질하고 등방적이라는 사실을 이전에 살펴본 적이 있다. 이것은 어떤 물체도 공간의 영향을 받지 않는다는 것을 의미한다. 우리가 보통 이야기하는 공간은 이런 것이다. 특수상대성이론이 지배하는 세계에서는 관측자의 운동상태에 따라 시간의 길이가 달라질 수 있음을 보았다. 운동은 시간과 공간의 변화로 정의되는데 시간이 운동의 영향을 받는다면 공간도 그렇지 않을까하는 의문이 자연스럽게 떠오른다. 즉, 공간의 척도도 관측자의 운동 상태에 달라질 수 있지 않을까? 지금부터 특수상대성이론이 지배하는 세계에서 공간의 척도가 어떻게 달라지는지 한번 알아보도록 하자. 우리는 이상한 나라로 들어가는 열쇠를 이미 가지고 있다. 그것은 단지 광속에 가까운 속도로 빠르게 달리기만하면 된다. 속도가 점점 빨라져 광속에 가까워지면 시간과 공간이 이상해지기 시작하는 세계에 들어서게 된다. 시간지연효과는 이미 잘 알고 있으니까 광속에 가까운 속도로 달릴 때 공간을 차지하는 물체의 길이가 어떻게 되는지 한번 조사해 보자. 일정한 속도, v 로 운동하는 우주선이 있다고 하자. 우주선 안에는 운동방향과 나란하게 광시계가 놓여 있다. 우주선에 타고 있는 관측자가 측정한 두 거울 사이의 길이를 '고유길이(L_0)'라고 한다. 광속 c와 고유길이를 이용하여 우주선 안에서의 고유시간 (t_0)을 구해보면 '시간 = 거리/속도'에 따라 $t_0 = 2L_0/c$가 된다. 여기서 $2L_0$는 거울 사이의 왕복거리를 나타낸다.

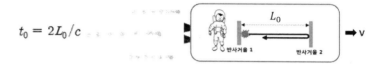

$$t_0 = 2L_0/c$$

이번에는 우주선 밖에 서 있는 관측자가 우주선 안에 놓여있는 광시계의 길이를 잰다고 하자. 두 사람 사이의 차이는 서로에 대한 상대운동뿐이다. 즉, 우주선에 대해 정지하고 있는 광시계는 우주선 밖의 관측자에 대해서는 일정한 속도 v로 운동하고 있다. 따라서 상대운동 때문에 우주선 밖에서는 광시계의 좌우 빛의 경로가 다르게 관측될 것이다.

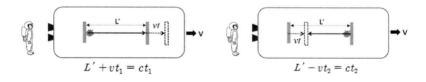

$$L' + vt_1 = ct_1$$

$$L' - vt_2 = ct_2$$

우주선 밖에 서 있는 관측자가 본 거울 사이의 거리를 L'이라고 하자. 우주선 밖에서 볼 때 오른쪽으로 진행하는 빛이 거울에 도달하기 위해서는 우주선이 달려간 거리(vt_1)만큼 더 가야 되고, 거울에서 반사된 후 다시 왼쪽 거울로 돌아올 때는 우주선이 이동하면서 줄어든 거리(vt_2) 까지만 이동하면 된다. 광시계의 빛이 오른쪽

거울과 왼쪽 거울에 도달하는 시간을 각각 t_1, t_2라고 하자. 이 경우 빛이 거울을 향해 달려간 거리는 ct_1과 ct_2가 된다. 이 상황을 종합해서 우주선 밖에서 잰 광시계의 왕복시간, t를 구해보면 다음과 같이 주어진다.

$$\therefore t = t_1 + t_2 = \frac{L'}{c-v} + \frac{L'}{c+v} = \frac{2cL'}{c^2 - v^2}$$

우주선 밖에 있는 관측자가 잰 이 시간은 상대론적 시간과 같아야 되고, 상대속도 v로 운동하는 우주선을 바라보면서 잰 상대론적 시간은 다음과 같이 주어진다.

$$\therefore t = \frac{t_0}{\sqrt{1-(v/c)^2}} = \frac{2L_0/c}{\sqrt{1-(v/c)^2}}$$

위의 두 식을 이용해서 우주선 바깥에서 잰 광시계의 두 거울 사이의 길이(L')를 구해보면 다음과 같다.

$$\therefore L' = \sqrt{1-(v/c)^2}\, L_0$$

우주선 안과 밖에서 잰 광시계의 길이가 서로 다르다($L' \neq L_0$)는 것을 알 수 있다. 즉, 우주선이 운동하는 경우에는 속도가 0이 아니기 때문에 제곱근의 값이 언제나 $\sqrt{1-(v/c)^2} < 1$이 되어 항상 $L' < L_0$가 된다. 길이라는 물리량은 어느 공간에 있던 절대적으로 변하지 않는 물체의 고유한 특성인데, 이런 절대적인 길이가 관측자의 상태에 따라 달라지는 또 한 번의 혁명적 사건이 발생했다. 길이도 더 이상 절대적인 양이 아니고 관측자가 어떤 상태에서 보느냐에 따라 달라지는 상대적인 물리량이 되어 버렸다. 이처럼 상

대운동 하는 물체의 길이가 짧아 보이는 것을 '길이수축효과'라고 한다. 속도가 클수록 길이도 점점 더 많이 수축되며, 속도가 만약 광속 c와 같아지면 제곱근 속의 값이 0이 되면서 길이가 극도로 수축되어 결국 0이 되고 만다. 이것은 물체가 사라진다는 얘긴데, 빨리 달린다고 물체가 사라지다니! 정말 이런 일이 가능할까? 그냥 받아들이기에는 우리의 상식이 이 상황을 허락하지 않을 것 같다. 하지만 아인슈타인이 누군가! 이런 모순을 그냥 내버려 둘 학자가 아니다. 아인슈타인이 찾은 해답은 질량을 가진 그 어떤 물체도 광속으로 달릴 수 없다는 것이다. 그렇기 때문에 속도가 아무리 빠르더라도 길이가 0이 되어 물체가 사라지는 일은 절대로 일어나지 않는다. 특수상대성이론이 아름다운 이유는 바로 이런 모순들을 모두 해결했기 때문이다. 길이수축효과로 공간의 척도도 상대적이 되었다. 절대적이라고 믿었던 시간과 공간 모두가 상대적인 양이 되어 버렸다. 우리는 더 이상 절대시간, 절대공간을 고집할 수 없게 되었다. 이제는 상대시간, 상대공간을 받아들여야할 시점이 된 것 같다. 관측자의 운동 상태에 따라 시공간이 늘었다줄었다 하는 이상한 나라가 우리 세계의 실체라는 것을 받아들여야만 한다. 광속에 가까운 속도로 달리다 보면 어느 순간 우리는 이상한 나라의 문턱에 들어서게 되고, 점점 시공간이 고무줄처럼 요동치는 새로운 세계, 새로운 우주와 조우하게 된다.

광속의 절반으로 달리면 길이는 얼마나 수축될까?

길이가 수축되는 정도는 상대속도의 크기에 따라 결정되며 실제로 길이수축효과는 관측자에 대해 상대운동 하는 대상에게서만 나타난다. 예를 들어 일정한 속도로 운동하는 우주선에서 보면 우주선을 제외한 바깥의 모든 부분이 수축되어 보이지만 우주선 밖에 있는 관측자가 볼 때는 우주선의 길이만 수축되어 보인다. 그럼 속도의 크기에 따라 길이가 얼마나 수축되는지 한 번 알아보자. 광속의 절반 속도($0.5c$)를 가진 우주선을 타고 지구로 부터 1광년(Ly) 떨어져 있는 별로 우주여행을 한다고 하자. 여기서 1광년은 빛의 속도로 1년 동안 달려간 거리를 나타낸다. 우주선에서 보면 바깥이 $0.5c$의 속도로 상대운동하기 때문에 길이가 수축되는 대상은 지구에서 별까지의 거리가 된다. 우주선에서 본 지구와 별 사이의 거리에 대한 길이수축 정도는 다음과 같다.

$$L' = \sqrt{1 - (0.5c)/c^2} \times 1Ly = 0.866Ly$$

우주선에 타고 있는 관측자에게는 1광년인 지구-별 사이의 거리가 0.866광년으로 수축되어 보인다. 우주선 밖에 있는 관측자는 어떨까? 이 경우에는 우주선이 자신에 대해 상대운동하기 때문에 지구―별 사이의 거리는 1광년 그대로지만 우주선의 길이가 수축되는 것을 보게 될 것이다. 슈퍼맨의 운동을 통해 속도에 따른 길이 수축 정도를 한 번 알아보자. 우리 앞을 슈퍼맨이 쏜살같이 날아간 다고 하자. 슈퍼맨이 속도를 점차 높여가며 날아가고 있다. 슈퍼맨의 속도가 빠를수록 길이가 어느 정도로 수축되는지 한 번 비교해 보자.

$$\therefore \ L' = \sqrt{1-(v/c)^2} \ L_0 \quad \Rightarrow \quad \text{속도 } v \text{가 클수록 길이 } L' \text{는}$$
더 짧아 보인다.

가만히 서 있는 슈퍼맨이 점점 빠르게 날아가는 슈퍼맨을 보면 날아가는 방향으로 길이가 점점 줄어드는 것을 볼 수 있다.

속도	V=0		V=0.886C	V=0.995C	V→C
길이수축	0%		50%	90%	~100%

가만히 서서 슈퍼맨을 바라보면 슈퍼맨의 속도에 따라 관측자에 대한 상대속도가 달라지기 때문에 길이수축 정도가 달라진다. 속도가 0일 때는 수축되지 않은 고유길이로 보이지만 속도가 광속의 80 % 정도에 다다르면 고유길이의 50 %로 수축되고, 광속의 90 %를 넘어서면 길이수축은 거의 100 %가 되어 슈퍼맨은 더 이상 보이지 않을 것이다. 고정불변이라고 생각했던 길이가 상대속도에 따라 이렇게 달라진다. 길이수축효과 때문에 절대적 길이의 척도가 상대적 길이로 바뀌었다. 우주에는 오직 하나의 잣대가 있어서 이 것으로 모든 물체의 길이를 절대적인 양으로 잴 수 있다고 생각했는데, 상대성이론이 지배하는 이상한 나라에서는 관측자마다 자신

의 운동 상태에 걸맞는 잣대를 하나씩 가지게 되었다. 시간과 마찬가지로 절대공간은 사라지고 상대공간이 그 자리를 대신하게 되었다. 전 우주가 공유하는 유일한 시간공이 아닌 우리 개개인이 자신만의 시공간을 가지게 되었다. 시간과 공간에 대한 절대적 기준이 사라져 버렸다. 시간과 공간의 실체가 절대불변의 틀이 아니라는 사실이 드러났다. 일상의 속도에서는 거의 느낄 수 없는 시공간의 상대성! 광속에 가까운 속도에서 서서히 실체를 드러내는 시공간의 상대성! 아인슈타인이 발견한 특수상대성이론은 시공간의 틀을 완전히 뒤바꿔 놓았다. 눈을 지그시 감고 가만히 상상해 보자. 서로 다른 빠르기로 째깍째깍 작동하는 시계들이 사방에 흩어져 있고 또 공간도 여기저기 일그러져 어디를 기준으로 길이를 가늠해야할지 도무지 알 수 없는 혼돈의 시공간! 맘껏 상상의 나래를 펼쳐보자.

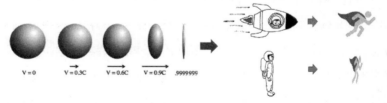

길이(공간)의 상대성

공간을 차지하는 길이도 관측자에 대해 주어진 대상이 어떻게 상대운동 하느냐에 따라 달라진다.

V=0   V=0.3C   V=0.6C   V=0.9C   .9999999

누구나 자신의 세계에 맞는 공간 척도를 가지고 있다.

32

절대 변하지 않는 빛의 상대속도, 아인슈타인의 속도합성

상대속도는 서로 다른 관측자들이 상대에 대해 느끼는 속도로 이제 많이 익숙해진 개념이다. 예를 들어 시속 60 km로 달리는 차 안에서 자신과 같은 방향으로 똑같이 시속 60 km로 달리는 자동차를 보면 마치 정지한 것처럼 보이는데, 그 이유는 상대속도가 0이기 때문이다. 만약 시속 60 km로 반대방향으로 지나가는 자동차의 경우는 두 속도가 더해져 시속 120 km의 상대속도로 멀어져 가는 것을 보게 된다. 이렇게 관측자의 관점에서 정의되는 속도가 바로 상대속도다. 이제 상대속도 개념을 시공간이 늘었다줄었다 하는 상대론적 세계에 한번 적용해 보자. 여기서도 상대속도는 우리가 일상에서 느끼는 것과 같을까? 아니면 우리와는 완전히 다른 규칙을 따를까? 이것을 확인하기 위해서는 상대시간과 상대공간이 지배하는 이상한 나라로 가야하는데, 그러기 위해서는 역시 아주 빠른 속도가 필요하다. 서로 다른 속도로 운동하는 관측자들에게 빛의 상대속도가 어떻게 보이는지 한 번 알아보자. 이것을 위해 가만히 서 있는 사람, 일정한 속도로 운동하는 우주선에 타고 있는 사람 그리고 빛을 무대로 초대하자. 그리고 빛은 두 종류가 있는데 하나는 광속 c로 공간을 따라 진행하는 빛이고 다른 하나는 우주선에서 발사된 빛이다. 가만히 서서 이 광경을 바라보는 관측자와 우주선을 타고 달려가면서 이 상황을 바라보는 관측자 각자가 보게 되는 빛의 상대속도는 얼마일까?

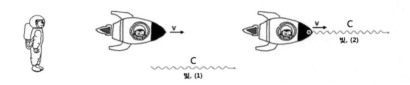

먼저 일상의 경험에 따른 상대속도를 알아보자. 가만히 서 있는 관측자의 경우에는 빛(1)의 상대속도는 광속 c가 되고 또 우주선에서 발사된 빛(2)의 상대속도는 '$v + c$'가 될 것이다. 그리고 우주선에서 볼 때는 빛(1)의 상대속도는 '$c - v$'가 되고 그리고 빛(2)의 상대속도는 그냥 c가 될 것이다. 이렇게 관측되는 것이 우리가 알고 있는 일상의 상대속도다. 하지만 특수상대성이론에는 광속불변원리가 있다. 진공에서의 빛의 속도는 어떠한 경우에도 변해서는 안 된다는 원리다. 따라서 상대속도가 $v + c$나 $c - v$인 빛은 절대로 허용되지 않는다. 광속불변원리를 위배하기 때문이다. 문제가 생기면 언제나 달려오는 친절한 해결사 아인슈타인은 이 문제를 해결하기 위해 새로운 속도합성규칙을 유도하였다. '아인슈타인 속도합성'이라 이름 붙여진 관계식을 이용하면 언제나 광속불변원리가 만

u: A에서 본 빛의 속도
u': B에서 본 빛의 속도
v: A에 대한 B의 속도
c: 빛의 속도

$$\therefore u = \frac{u' + v}{1 + u'v/c^2}$$

족된다. 이 식은 광속불변원리를 만족하도록 그렇게 유도된 것이다.

이 식을 활용하여 A와 B에서 본 빛의 상대속도를 한 번 구해보자. B의 경우 우주선은 속도 v로 등속운동을 하고 있다. 속도합성 규칙에 따라 각각의 값들을 대입해 보면 결과는 다음과 같다.

A에서 본 빛의 속도

$$\therefore u = \frac{u' + v}{1 + u'v/c^2} = \frac{c + c}{1 + cc/c^2} = \frac{2c}{2} = c$$

B에서 본 빛의 속도

$$\therefore u = \frac{c - v}{1 - cv/c^2} = \frac{c - v}{1 - v/c} = \frac{c(c - v)}{c - v} = c$$

정지한 채 보든 달려가면서 보든 두 사람은 빛의 상대속가 c라는 것을 관측하게 된다. 광속불변원리를 정확히 만족하는 것은 알겠는데 우리 상식과 어긋나는 결과에 조금은 당황스럽다. 그럼 지금까지 우리가 경험을 통해 사실이라고 믿었던 상대속도는 어떻게 된 것인가? 앞 절에서 우리는 로렌츠 변환이 속도가 아주 작은 조건에서는 근사적으로 갈릴레오 변환과 같아지는 것을 보았다. 마찬가지로 위의 속도합성도 광속에 비해 속도가 아주 작을 때는 일상의 상대속도로 돌아간다. 따라서 우리가 경험했던 일상의 상대속도 역시 상대성이론의 결과라는 사실을 받아들이면 상대속도의 혼란스러움은 어느 정도 진정될 수 있다. 이제 본격적인 상대론적 속도합성을 알아보기 위해 좀 더 복잡한 상황을 다뤄보도록 하자. 광속의 50%인 $0.5c$로 오른쪽으로 달려가는 A-우주선(A)에서 자신을 향해 달려오는 B-우주선(B)을 바라보고 있다. 그리고 우주선 바깥에는 정지한 채 가만히 서 있는 관측자가 있고, 이 관측자가 본 B-우주선의 속도가 0.5c라고 하자. A가 본 B의 상대속도는 얼마일까? 여기서는 A가 달려가면서 B를 보기 때문에 A가 본 B의 속도는 u'가 되고, 가만히 서 있는 관측자가 본 B의 속도는 u가 된다. 그리고 가만히 서 있는 관측자가 본 A의 속도는 v이다. 따라서 A가 본 B의 상대속도는 다음과 같이 계산된다.

$$u' = \frac{u - v}{1 - uv/c^2} = \frac{-0.5c - 0.5c}{1 - (-0.5c)(0.5c)/c^2} = -0.8c$$

서로 0.5c로 상대방을 향해 달려가기 때문에 '0.5c + 0.5c'로 1c로 관측될 것 같은데, 실제로는 0.8c로 관측된다. 속도가 클 때는 이렇게 상대속도도 일상에서 벗어나 상대론적 속도합성을 따른다는 것을 알 수 있다. 이상한 나라의 이상한 속도합성, 이 모든 결과 역시 광속불변원리 때문이다. 이번에는 같은 방향으로 운동하는 경우인데, 만약 B가 A와 같은 방향으로 0.5c로 날아갈 때 A가 본 B의 상대속도는 어떻게 될까? 이 경우에는 $u = +0.5c$가 되어 상대속도가 0이 되는 것을 알 수 있다.

$$u' = \frac{u - v}{1 - uv/c^2} = \frac{+0.5c - 0.5c}{1 - (-0.5c)(0.5c)/c^2} = 0$$

특수상대성이론을 만족하는 이상한 나라에서는 이렇게 시간과 공간이 뒤죽박죽 섞여있어 속도조차도 우리의 상식을 벗어나 이상하게 행동하는 것을 알 수 있다. 광속의 절대성 때문에 우리의 상식이 송두리째 무너져 내리는 상대성이론이 지배하는 이상한 나라! 도대체 광속의 절대성은 누가 부여하며, 우주는 왜 광속의 절대성

을 선택했을까? 우주는 아직도 우리가 모르는 의문들로 가득하고
이것은 우리 인류가 존재할 이유를 제공한다. 그 의문의 파문 중심
에는 또 빛이 있다.

관측자나 광원의 상대운동과 관계없이 광속은 불변이다.

빛을 제외한 어떤 물체도 광속으로 날 수 없다.

광속은 우주 최고의 속도다.

광속의 절대성 때문에 시공은 상대성을 가지게 되었다.

공간과 시간은 물체의 운동과 아무런 관계없이
물체와 독립적으로 존재하는 절대적인 것이었다.

관측자나 광원의 상대운동과 무관하게
광속불변의 절대성은 항상 유지되어야 한다.

공간과 시간은 더 이상 독립적이지도, 절대적이지 않은
하나의 상대적 '시공간' 연속체를 이룬다.

33
상대론적 시공간 연속체

우주에 존재하는 모든 것들로부터 독립적이고 절대적이었던 시간과 공간은 광속을 일정하게 유지하기 위해 시공간이라는 하나의 연속체가 되었다. 이것이 특수상대성이론이 밝혀낸 시간과 공간의 실체이다. 우리를 포함한 우주에 존재하는 모든 것들과 그들 사이의 상대운동으로 인해 공간의 모든 점은 서로 다른 시간들로 가득 차 있다. 독립적이었던 시간과 공간은 빛을 매개로 하나의 연속체가 되었다.

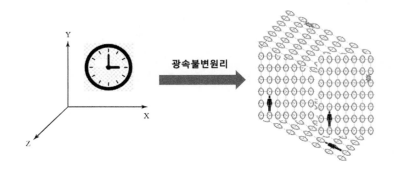

34

충격과 운동량

충격은 제법 익숙한 물리 개념이다. 어떤 물체에 충격을 가한다는 것은 우선 힘이 있어야 되고 그리고 충격을 가하는 접촉시간도 필요하다. 그래서 충격량은 힘과 접촉시간의 곱으로 정의되는 물리량이다. 힘은 또 질량과 가속도의 곱에 의해 정의된다. 충격을 가하거나 받는 상황을 한번 상상해 보자. 쾅 하고 한 번 부딪치는 경우에 비해 쾅, 쾅, 쾅 하고 세 번 부딪치는 경우 충격량은 세 배가 될 것이다. 그리고 '쾅'은 충격을 가하는 물체의 질량이나 가속도의 크기에 따라 달라지며 질량이 클수록 그리고 속도가 빠를수록 '쾅'에 의한 충격도 증가하게 된다. 예를 들어 나비와 자동차가 같은 속도로 벽에 부딪칠 경우 충격의 크기는 두말할 것 없이 자동차 쪽이 훨씬 크다. 이 경우 충격량의 차이는 바로 질량 때문이다. 따라서 충격량을 결정하는 요소로는 질량, 속도, 가속도, 운동량, 힘 그리고 접촉시간이 있다. 앞서 충격량은 힘과 접촉시간의 곱과 같다고 했는데 이것은 또 운동량의 변화로도 나타낼 수 있다. 예를 들어 벽을 향해 공을 던지는 경우, 공이 벽에 가한 충격량은 공이 벽에 가한 힘과 벽과의 접촉시간의 곱과 같은데, 실제로 우리가 보는 것은 벽에 부딪친 후 되돌아 나오는 공의 운동량이다. 운동량은 질량과 속도의 곱으로 정의되는 물리량이다. 충돌 전과 후를 비교해 보면 충돌 전에는 빠르게 달려가던 공이 충돌 후에는 벽에 가한 충격 때문에 속도를 잃어 충돌 전에 비해 훨씬 느린 속도로 튕겨져 나오는 것을 볼 수 있다. 그 이유는 충돌할 때 에너지를 그만큼 잃었기 때문인데, 그래서 운동량이 변하게 된다. 결국 충돌 전후에 우리가 실제로 볼 수 있는 것은 운동량 변화뿐이다. 따라서 충돌 전후 운동량의 변화가 곧 벽에 가한 충격량이 된다. 운동량을 다시 정의해 보자. 운동량(p)은 질량(m)을 가진 물체가 달릴 때(v) 가지는 물리량으로, p = mv로 정의된다.

$$m \quad v\text{----} \quad p_1 = mv \qquad M \quad v\text{----} \quad P_2 = Mv$$

물리학뿐만 아니라 과학 분야에는 일반적으로 보존법칙들이 참 많은데, 그 중에서 특히 운동량과 관련된 보존법칙을 '(선)운동량보존법칙'이라고 한다. 예를 들어 대포나 총을 쏘면 포탄과 총알이 날아가는 대신 대포와 총이 뒤로 밀리는 것을 볼 수 있다. 그리고 두 공이 충돌한 뒤 속도와 방향이 달라지는 것이나 폭죽이 터지면서 파편들이 사방으로 흩어지는 방식에는 언제나 일정한 규칙이 있다. 이런 현상들은 모두 운동량보존법칙 때문에 나타나는 결과이다. 운동량보존법칙에 따르면 충돌 전과 후 총 운동량은 항상 보존되어야 한다. 대포의 경우 이 법칙을 한번 적용해 보자. 포탄이 발사되기 전에는 속도가 0이기 때문에 총 운동량은 0이다. 여기에 운동량보존법칙을 적용하면 포탄이 발사된 후의 총 운동량도 0이 되어야만 한다. 이 결과를 이용하면 포탄이 발사될 때의 반동으로 대포가 뒤로 밀려날 때의 속도 등을 계산할 수 있다. 만약 대포의 질량을 100 kg이라 하고 포탄의 질량을 1 kg 이라고 하면, 발사 전의 운동량은 0이 되고 발사 후의 운동량은 대포의 운동량과 포탄의 운동량을 합친 값이 0이 되어야 한다. 따라서 그림에서 알 수 있듯이 포탄의 속도가 초속 100 m 이면 대포가 반동에 의해 밀려나는 속도는 초속 1 m 밖에 되지 않는다. 운동량보존법칙의 결과다.

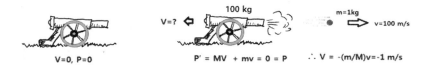

35

질량이 속도에 따라 달라진다? 질량의 상대성

운동량이 무엇인지 알았으니 다시 이상한 나라로 여행을 떠나보자. 이번 여행에서는 운동량과 관련된 상대론적 효과를 알아보는 것이다. 이제 여러분들도 이상한 나라에 들어서는 법을 잘 알고 있을 것이다. 이상한 나라의 문은 속도를 점점 높여 광속에 가까워지면 자동으로 열린다. 시공간이 늘었다줄었다 하는 세계에서는 물체의 운동이 어떻게 보일지 궁금하다. 일상에서의 운동과는 뭔가 다를 것 같은데, 무엇이 어떻게 다른지 한번 알아보자. 우선 광속에 가까운 속도로 비행하는 우주선을 바라보고 있는 관측자가 있다고 하자. 우리도 이 관측자와 함께 우주선을 지켜보고 있다고 하자. 우주선 속의 상황은 이렇다. 승무원이 갑자기 유리잔을 떨어뜨렸고, 바닥과 충돌한 유리잔이 와장창하고 깨져버렸다. 지금부터 이 상황을 우주선 안과 밖에 있는 관측자들 관점에서 한 번 해석해 보자.

먼저 우주선 안에서 본 상황을 살펴보자. 우주선 안에 있는 관측자는 실수로 유리잔을 떨어뜨렸고 그래서 바닥과 부딪친 유리잔이 깨지는 상황을 대수롭지 않게 생각할 것이다. 그냥 일상적인 실수

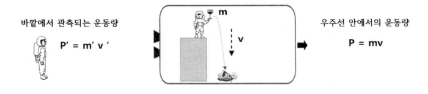

바깥에서 관측되는 운동량

$P' = m'v'$

우주선 안에서의 운동량

$P = mv$

쯤으로 여길 것이다. 그럼 우주선 밖에서는 이 상황을 어떻게 볼까? 밖에 있는 관측자에게는 시간지연효과 때문에 우주선 안에서 일어나는 모든 현상들이 자신에게는 마치 슬로비디오를 보는 것처럼 느려져 보일 것이다. 그래서 아주 느릿느릿 떨어지는 유리잔이 바닥에 살포시 내려앉으면서 와장창하고 깨지는 것을 목격하게 될 것이다. 우주선 안에 있는 관측자는 이 상황을 당연한 것으로 받아들이겠지만 밖에 있는 관측자에게는 너무나 당혹스러운 사건일 것이다. 시간지연효과 때문에 나타나는 결과이지만 그렇더라도 바닥에 살포시 내려앉는 유리잔이 깨지는 상황 자체가 쉽게 이해되는 것은 아니다. 어떻게 이런 일이 가능할까? 도대체 이유가 뭘까?

역시 해답은 아인슈타인에게 있다. 특수상대성이론의 첫 번째 가설인 상대성원리에 따르면 관성기준틀에서는 모든 물리법칙들이 똑같이 만족되어야 한다. 앞서 다뤘던 운동량보존법칙도 그런 법칙들 중의 하나다. 유리잔이 깨지는 상황을 운동량보존법칙을 적용하여 한번 해석해 보자. 상대성원리에 따라 운동량보존법칙이 성립하기 위해서는 두 관측자가 측정한 운동량이 같아야 된다. 그럼 각자의 관점에서 운동량이 어떤 값을 가지는지 한번 알아보자. 우주선 안에서의 상황은 일상과 같기 때문의 운동량은 단순히 'mv'가 된다. 여기서 m은 우주선에서 측정한 질량으로 '정지질량'이라고 한다. 이제 우주선 밖에서 본 유리잔의 운동량을 알아보자. 밖에서 보면 시간지연효과 때문에 유리잔의 낙하속도가 우주선에서 측정한 속도에 비해 훨씬 느릴 것이다. 운동량은 질량과 속도의 곱으로 주어지기 때문에 줄어든 속도를 뭔가가 보상해 주어야 되고, 그것은 당연히 질량의 증가를 통해서만 가능하다. 따라서 느린 속도에도 불구하고 유리잔이 깨지기 위해서는 질량이 커져야 하는데, 우주선 밖에서 본 유리잔의 질량(m')은 특수상대성이론에 의해 다음과 같이 주어진다.

$$m' = \frac{m}{\sqrt{1 - (v/c)^2}} \quad \rightarrow \quad m' > m$$

이와 같이 속도에 따라 달라지는 질량을 '상대론적 질량'(m')이라고 한다. 이 식을 보면 속도가 0이 아닐 때는 언제나 m'가 m 보다 크다는 것을 알 수 있다. 우주선 밖에 있는 관측자에게는 유리잔의 질량이 이처럼 상대론적 질량으로 관측된다. 따라서 우주선 밖에 있는 관측자가 본 유리잔의 운동량은 바로 '상대론적 질량 × 속도'가 된다. 지금까지의 결과를 종합해 보면 이렇다. 우주선 밖에 서 있는 관측자는 시간지연효과 때문에 유리잔이 천천히 떨어지는 것을 보게 되지만 상대운동에 따른 질량의 증가를 통해 유리잔이 깨지는 상황을 이해하게 된다. 상대론적 질량 역시 특수상대성이론의 중요한 발견 중의 하나다. 질량은 물질이 가진 절대불변의 고유한 물리량으로 알고 있었는데, 속도에 따라 그 크기가 변할 수 있다고 하니 정말 놀라운 발견이 아닐 수 없다. 뭔가 점점 일상에서 멀어지는 느낌이다. 상대론적 시공간에 상대론적 질량까지 온통 상대적인 양들로 주위가 가득 채워진 듯하다.

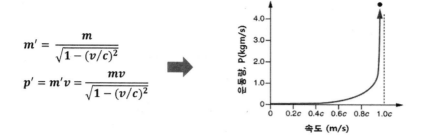

$$m' = \frac{m}{\sqrt{1 - (v/c)^2}}$$

$$p' = m'v = \frac{mv}{\sqrt{1 - (v/c)^2}}$$

상대론적 질량과 운동량을 이용하여 운동량-속도 그래프를 그려보면 속도가 증가하면 상대론적 운동량 (p')도 함께 증가하고 또 속도가 광속에 접근할수록 운동량이 급격하게 증가하는 것을 볼 수 있다. 광속에 가까워지면 속도는 더 이상 증가하지 않고 대신에 질량이 어마어마하게 증가하는 아주 신기한 현상을 마주하게 된다.

이 결과로부터 알 수 있는 사실은 물체의 속도가 빨라지면 질량도 함께 커지기 때문에 광속에 가까울수록 물체를 가속시키는 것이 점점 더 어려워진다. 상대론적 질량 식을 보면 물체의 속도가 광속과 같아지면, 즉 $v = c$에서는 질량이 무한대가 된다. 따라서 질량을 가진 물체가 광속으로 운동할 경우 질량이 무한대로 커지면서 중력이 무한대가 되어 전 우주를 한 순간에 붕괴시켜버릴 것이다. 광활한 우주는 한 순간에 한 점으로 붕괴하면서 사라져 버릴 것이다. 우리 우주가 여전히 건재한 이유는 광속으로 운동하는 물체가 존재하지 않는다는 것을 반증하는 명백한 증거라고 할 수 있다. 이런 이유로 질량을 가진 물체는 절대 광속으로 비행할 수 없으며, 이것은 또한 특수상대성이론이 질량을 가진 물체에게 부여하는 절대조건이라 할 수 있다. 하지만 이 절대조건으로부터 자유로운 존재가 딱 하나 있는데 그것은 다름 아닌 빛으로 질량이 0인 유일한 존재이기 때문이다. 그래서 우리 우주는 빛에게만 유일하게 광속을 허용하며, 빛은 언제나 광속으로 전 우주를 누빈다. 또한 빛은 원자에 흡수되기 전까지는 우주공간을 끊임없이 돌아다녀야만 한다. 결코 빛 스스로는 멈춤이 허용되지 않는다. 이런걸 보면 빛은 정말 우주로부터 특권을 부여 받은 것이 틀림없다. 왜냐하면 광속은 우주의 절대속도이고, 이 속도는 빛만이 가질 수 있고, 또한 광속의 이런 불변성 때문에 시공간의 상대성과 질량의 상대성이 나타났기 때문이다. 빛은 이 순간에도 끊임없이 진행 중이다. 아마 우주가 그렇게 설계되어 있는 듯하다.

36

질량이 곧 에너지?

이번에는 에너지에 대해서 한번 알아보자. 뉴턴역학에서는 운동하는 물체가 가지는 에너지를 운동에너지로 정의하는데, 운동에너지는 $(1/2)mv^2$로 주어지며 속도의 제곱에 비례한다. 따라서 정지하고 있는 물체는 속도가 0이기 때문에 당연히 운동에너지도 0이 된다. 그럼 상대성이론이 지배하는 이상한 나라에서는 운동에너지를 어떻게 정의하는지 한번 살펴보자. 앞서 살펴 본 것처럼 이 세계에서는 질량이 고정된 값을 가지지 않고 상대속도에 따라 달라지기 때문에 뉴턴역학에서 정의한 운동에너지와는 다를 것으로 예상된다. 즉, 고정된 값을 가지는 질량이 아닌 상대론적 질량을 포함하는 식으로 수정되어야 할 것 같다. 우선 일정한 속도로 운동하는 우주선과 밖에서 우주선을 바라보고 있는 관측자를 등장시켜 보자.

두 관측자는 자신 앞에 놓여있는 질량 m_0인 물체를 바라보고 있다. 이때의 질량을 정지질량이라고 한다. 이번에는 두 관측자 모두 상대방 앞에 놓여 있는 물체를 바라보고 있다. 이 경우에는 상대운동 때문에 두 사람 모두 상대방 물체의 질량이 자신들의 정지

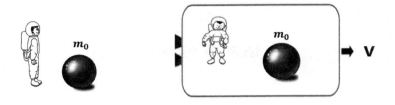

질량보다 더 크다고 생각한다. 따라서 두 사람 모두 상대론적 질량을 포함하는 새로운 운동에너지를 정의해야 되는데, 그 결과는 특수상대성이론에 따라 다음과 같이 주어진다.

$$E = \frac{m_0 c^2}{\sqrt{1 - (v/c)^2}}$$

여기서 m_0는 관측자에 대해 정지하고 있는 물체의 질량으로 '정지질량' 또는 '고유질량' 이라고 한다. 이 식을 보면 서로에 대한 속도가 커질수록 운동에너지도 함께 증가한다는 것을 알 수 있다. 이것은 기존의 운동에너지도 마찬가지다. 단지 속도의 제곱에 비례해서 증가한다는 차이를 제외하고는 에너지가 증가하는 것은 똑같다. 그런데 상대론적 운동에너지를 좀 더 살펴보면 기존의 운동에너지와는 완전히 다른 물리적 의미가 숨겨져 있다는 것을 발견하게 된다. 두 식의 형태를 한 번 비교해 보자.

$$E = \frac{1}{2} m_0 v^2 \quad \leftrightarrow \quad E = \frac{m_0 c^2}{\sqrt{1 - (v/c)^2}}$$

우선 좌측의 기존 운동에너지를 보면 정지질량은 절대로 변하지 않는 상수로 속도와는 무관한 양이며, 또한 속도의 크기에는 아무런 제한이 없기 때문에 광속을 넘어서 무한대의 속도를 가질 수 있고 그래서 운동에너지가 무한대로 발산하는 문제를 안고 있다. 하지만 상대론적 운동에너지는 속도에 의존하긴 하지만 분모가 0이 되지 않을 조건으로 속도가 제한된다. 따라서 상대론적 운동에너지에 의해 속도가 무한대로 발산하는 문제가 자연스럽게 해결된다. 기존의 운동에너지는 속도의 제한이 없어 에너지가 무한대로 발산하는 문제를 안고 있었지만 상대론적 에너지는 속도를 광속으로 제한하는 대신 질량의 증가를 허용함으로써 이 문제를 해결하였다. 실제 실험을 통해 얻은 운동에너지-속도 그래프를 보면 광속 근처에서 운동에너지가 급격하게 증가하는 것을 볼 수 있다. 속도는 c로 제한되지만 질량의 증가를 통해 운동에너지가 급격하게 증가하는 것을 볼 수 있다. 여기서 우리는 가장 아름다운 물리적 발견을 만나게 된다. 에너지가 질량으로 그리고 질량이 에너지로 바뀔 수 있다는 '에너지-질량 등가원리'가 바로 그것이다. 일상에서는 엠씨스퀘어($E = m_0 c^2$)로 그 유명세를 떨치고 있는 아주 아름다운 식이다.

상대론적 운동에너지를 조금 더 살펴보자. 기존 운동에너지는 속도가 0이면 에너지도 0이 된다. 당연한 결과이다. 하지만 상대론적 에너지의 경우에는 속도가 0이라도 에너지를 가질 수 있다. 즉, 속도가 0이 되면 분모가 1이 되면서 에너지는 $m_0 c^2$이 된다. 운동을 하지 않으면 운동에너지도 0이 되는 것이 정상인데, 상대성이론이 지배하는 이상한 나라에서는 정지한 채로 가만히 있어도 에너지를 가질 수 있다. 어떻게 가만히 있는데 에너지를 가질 수 있는지 상식적으로 도무지 이해가 되지 않는다. 하지만 특수상대성이론이

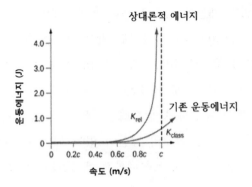

상대론적 에너지

운동에너지 (J)

K_{rel}

기존 운동에너지

K_{class}

속도 (m/s)

지배하는 이상한 나라에서는 가능하다. 이렇게 가만히 정지하고 있는 물체가 가지는 에너지를 '정지질량에너지($E = m_0c^2$)'라고 한다. 상대론적 운동에너지를 정리해 보면 정지한 상태에서도 에너지를 가질 수 있고 또 에너지가 질량으로 그리고 질량이 에너지로 변환될 수 있다. 이것은 기존의 뉴턴역학에서는 도저히 상상할 수 없는 일이다.

우리가 잘 알고 있는 원자력에너지의 근원이 바로 정지질량에너지다. 원자력에너지에는 핵융합을 이용한 에너지와 핵분열을 이용한 에너지가 있는데, 모두 질량을 에너지원으로 이용한 것이다. 1g의 정지질량을 에너지로 전환하면 $E = m_0c^2$에 따라 0.001 kg×'$(3 \times 10^8)^2 = 9 \times 10^{13}$ [J]을 얻을 수 있다. 이 에너지는 9톤의 무게

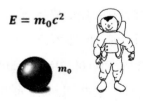

$E = m_0c^2$

m_0

를 가진 물체를 1 km 높이에서 떨어뜨릴 때 얻을 수 있는 에너지의 백만 배와 같다. 이것이 핵에너지의 원천이자 별들이 밝게 빛날 수 있는 이유이기도 하다.

> 상대론적 에너지는 광속에 가까울수록 질량증가로 변환된다.
> 상대론이 지배하는 나라에서는 정지한 물체도 에너지를 가진다.

에너지−질량 등가원리는 특수상대성이론의 가장 중요한 발견인 동시에 물리학사에 큰 족적을 남긴 위대한 진보라고도 할 수 있다. 절대불변이었던 질량이 상대론이 지배하는 이상한 나라에서는 마치 시공간처럼 에너지−질량 연속체가 되어 버렸다. 이제 우리는 시공간과 함께 질량−에너지가 출렁이는 이상한 나라에 점점 더 깊이 빠져들고 있다. 질량이 사라지면 그 어딘가에서 에너지로 존재하고 또 어떤 이유에선가 에너지로 충만했던 공간에 갑자기 질량을 가진 물체가 순식간에 나타나는 기묘한 세계. 바로 상대론이 지배하는 우주다.

37

속도가 느려지면 다시 일상의 세계로

광속에 가까운 속도에서는 시공간이 뒤죽박죽인 이상한 나라가 되지만 광속에 비해 속도가 아주 느린 보통의 상태에서는 어느 순간 시간과 공간이 독립적으로 작동하는 일상의 세계로 돌아온다. 상대성이론이 지배하는 나라에서 뉴턴의 운동법칙이 지배하는 보통의 세계로 돌아오는 것이다. 이런걸 보면 상대성이론과 뉴턴의 운동법칙 사이에는 어떤 상관관계가 있음직하다. 상대론적 효과는 광속에 가까운 속도로 운동할 때 주로 나타나기 때문에 속도가 광속에 비해 아주 작을 때 이들 효과가 어떻게 되는지 조사해 보면 뉴턴역학과의 관계를 알 수 있을 것이다. 그럼 상대론적 에너지를 이용하여 이들 사이의 관계를 한 번 조사해 보자. 광속에 비해 속도가 아주 작은 조건, $v \ll c$을 적용하면 $v/c \ll 1$이기 때문에 이런 경우 $1/\sqrt{1-(v/c)^2}$ 항은 다음과 같이 급수로 전개가 가능하다.

$$\frac{1}{\sqrt{1-(v/c)^2}} = 1 + \frac{1}{2}(v/c)^2 + \frac{3}{8}(v/c)^4 + \cdots$$

이것을 이용하여 상대론적 에너지를 표현한 다음 정지질량에너지$(m_0 c^2)$를 빼면 상대론적 운동에너지를 얻을 수 있다.

$$E_k = \frac{m_0 c^2}{\sqrt{1-(v/c)^2}} - m_0 c^2$$
$$= m_0 c^2 \left(1 + v^2/2c^2 + 3v^4/8c^4 + \cdots\right) - m_0 c^2$$
$$= m_0 c^2 \left(1 + v^2/2c^2 + 3v^4/8c^4 + \cdots\right) - m_0 c^2 \approx \frac{1}{2} m_0 v^2$$
$$= K$$

여기서 (v/c)를 포함하고 있는 항들은 1보다 훨씬 작기 때문에 근사적으로 무시하여 정리하면 상대론적 운동에너지(E_k)가 뉴턴의 운동에너지(K)와 근사적으로 같아지는 것을 볼 수 있다. 결국 뉴턴의 운동에너지는 속도가 아주 작을 경우 만족하는 상대론적 운동에너지의 또 다른 버전이라 할 수 있다. 이것은 광속에 비해 속도가 아주 작은 영역에서는 상대성이론이 지배하는 이상한 나라가 우리들 상식이 지배하는 보통의 세계로 자연스럽게 되돌아오는 것을 의미한다. 이렇듯 특수상대성이론에는 이미 뉴턴의 운동법칙이 포함되어 있다. 따라서 특수상대성이론은 아주 작은 속도에서부터 광속에 이르기까지 전 속도영역을 아우르는 훨씬 포괄적이고 발전된 이론체계라는 것을 알 수 있다.

속도가 클 때 운동에너지 $E_k = \dfrac{m_0 c^2}{\sqrt{1-(v/c)^2}} - m_0 c^2$ $v \approx c$ 속도가 작을 때 운동에너지 $K = \dfrac{1}{2} m_0 v^2$ $v \ll c$

특수상대성이론의 응용, 상대론적 효과

(1) 별의 색이 달라진다! 상대론적 도플러효과

자동차가 빵~하면서 저 멀리서 달려와 우리 곁을 순식간에 스쳐지나가는 상황이 종종 있다. 자동차가 우리를 향해 달려올 때는 소리가 점점 높아지다가 우리를 지나 멀어질 때는 다시 낮아진다. 이렇게 관측자와 음원 사이의 상대적인 운동 때문에 소리의 높낮이가 달라지는 현상을 '도플러효과'라고 한다. 자동차가 우리를 향해 달려올 때는 경적소리의 진동수가 높아지기 때문에 소리가 크게 들리지만 우리들로부터 멀어질 때는 진동수가 낮아지기 때문에 소리가 작아지는 것이다. 소리와 같은 파동에 적용되는 도플러효과는 빛과 같은 전자기적 파동에도 똑같이 적용된다. 즉, 빛의 진동수도 광원과 관측자 사이의 상대운동에 따라 달라진다. 빛의 경우 광원과 관측자 사이의 상대운동은 당연히 상대성이론에 따라 해석되기 때문에 빛의 도플러효과를 '상대론적 도플러효과'라고 한다. 소리나 빛 모두 파동이기 때문에 먼저 파동과 관련된 용어를 간단히 정의해 보자. 파동은 진폭(A), 진동수(f), 그리고 파장(λ)으로 정의된다.

$$진동수 = 1/주기 \rightarrow f = \frac{1}{T}$$

빛의 경우 진폭은 빛의 밝기, 진동수는 빛의 색깔 그리고 파장은 빛이 한 주기 동안 진행한 거리와 같다. 일반적으로 파동의 속도는 파장과 진동수의 곱으로 주어지며, 빛의 속도 역시 파장과 진동수의 곱인 $c = f\lambda$와 같다. 빛의 속도, 즉 광속을 나타내는 c는 영어 'constant'의 첫 글자로 빛의 속도가 항상 일정하다는 의미를 담고 있다. 그럼 빛의 도플러효과가 어떤 건지 한번 알아보자. 광원과 관측자 사이의 상대운동의 결과로 관측자가 보게 되는 빛은 어떻게 될까? 먼저 관측자가 광원으로부터 멀어지는 경우를 생각해 보자.

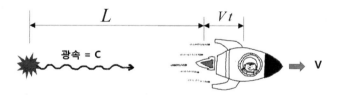

광원에서 출발한 빛이 우주선에 도달하기 위해서는 우주선이 이동한 거리만큼 더 진행해야 된다. 이때 우주선이 t' 동안 이동한 거리를 vt'라고 하자. 빛이 우주선에 도달하기 위해 이동한 전체거리는 우주선이 이동한 거리에 처음 광원과 우주선 사이의 거리 L을 더한 거리와 같고 그 값은 $L + vt'$가 된다. 그럼 빛이 우주선에 도달하는데 걸린 시간은 이 전체거리를 빛의 속도 c로 나눠주면 된다.

이 시간을 T'라 하고 식을 조금 정리하면 다음과 같이 나타낼 수 있다.

$$T' = \frac{L+vt'}{c} = \frac{ct'+vt'}{c} = t' + \frac{vt'}{c}$$

$$= \frac{t}{\sqrt{1-(v/c)^2}}\left(1+\frac{v}{c}\right) = \sqrt{\frac{1+v/c}{1-v/c}}\ t$$

여기서 t는 빛의 시간이다. 이 시간의 역수가 곧 빛의 고유진동수(f)가 된다. 따라서 이 식의 역수를 취하면 우주선에서 본 빛의 진동수를 얻을 수 있는데, 그 결과는 다음과 같이 주어진다.

$$f' = \sqrt{\frac{c-v}{c+v}}\ \frac{1}{t} = \sqrt{\frac{c-v}{c+v}}\ f$$

광원으로부터 멀어지는 속도(v)가 클수록 우주선에서 관측한 빛의 진동수 f'가 고유진동수 f보다 작아지는 것을 알 수 있다. 빛의 속도가 $c = f\lambda$이기 때문에 진동수가 작아지면 파장이 길어지게 된다. 따라서 광원과 관측자가 서로 멀어지는 경우 관측자는 원래보다 파장이 긴 빛을 보게 된다. 이처럼 서로 멀어지는 상대운동 때문에 빛의 파장이 원래보다 긴 쪽으로 이동하는 현상을 '적색편이'라고 한다. 지구로부터 멀어져 가는 천체의 스펙트럼을 조사해 보면 스펙트럼 전체가 적색 쪽으로 이동하는 것을 볼 수 있는데, 바로 적색편이 때문이다. 적색편이 정도는 광원과 관측자 사이의 상대속도 크기에 따라 달라지기 때문에 스펙트럼의 적색편이 정도를 알면 이 정보를 이용해서 지구로부터 멀어지는 별의 후퇴 속도를 결정할 수 있다. 후퇴속도가 클수록 진동수 변화가 크고 결국 스펙트럼이 적색 쪽으로 더 많이 치우친다는 것을 위의 식을 통해 확인

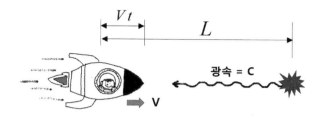

할 수 있다. 이번에는 광원과 관측자가 서로 접근하는 경우다. 광원과 관측자 사이의 상대속도가 0일 때 둘 사이의 거리는 L 이다. 광원과 관측자가 서로 접근하면 빛과 관측자 사이의 거리도 그만큼 줄어든다. 우주선이 t'동안 이동한 거리를 vt'라고 하면, 빛이 우주선까지 도달하는데 이동한 전체 거리는 $L-vt'$가 된다.

이 경우 빛이 우주선에 도달하는데 걸린 시간은 빛이 이동한 전체거리를 빛의 속도 c로 나누면 된다. 이 시간을 T'라 하고 식을 조금 정리하면 다음과 같은 결과를 얻을 수 있다.

$$T' = \frac{L-vt'}{c} = \frac{ct'-vt'}{c} = t' - \frac{vt'}{c} = t'\left(1-\frac{v}{c}\right)$$
$$= \frac{t}{\sqrt{1-(v/c)^2}}\left(1-\frac{v}{c}\right) = \sqrt{\frac{1-v/c}{1+v/c}}\,t$$

이 식의 역수를 취하면 진동수에 관한 식을 얻을 수 있는데, 결과는 다음과 같다.

$$f' = \sqrt{\frac{c+v}{c-v}}\,\frac{1}{t} = \sqrt{\frac{c+v}{c-v}}\,f$$

이 식을 보면 속도(v)가 클수록 우주선에서 관측한 빛의 진동수 f'가 고유진동수 f보다 크다는 것을 알 수 있다. $c=f\lambda$에서 진동

수가 높아지면 파장은 짧아지기 때문에 광원과 관측자가 서로 접근
하면 관측자는 원래보다 파장이 짧은 빛을 보게 된다. 적색편이와
는 다르게 파장이 짧은 쪽으로 이동하는 현상을 '청색편이'라고 한
다. 지구로 접근하는 별의 스펙트럼을 조사해 보면 스펙트럼이 청
색 쪽, 즉 파장이 짧은 쪽으로 이동하는 것을 볼 수 있다. 이렇게
스펙트럼이 이동하는 효과를 이용하면 별이 지구로 접근하는지 아
니면 멀어져 가는지를 알 수 있고 또 스펙트럼의 이동정도를 알면
이것을 이용해서 별의 속도에 대한 정보도 얻을 수 있다. 적색편이
와 청색편이를 묘사한 그림을 보면 이 결과들을 좀 더 쉽게 이해할
수 있다.

　예를 들어 적외선만을 방출하는 별이 있다고 해 보자. 그럼 우리
는 이 별을 직접 볼 수 없다. 그런데 이 별이 우리를 향해 엄청나게
빠른 속도로 다가온다면 청색편이 때문에 적외선 보다 파장이 짧은
가시광선 영역으로 스펙트럼이 이동하게 되고 그렇게 되면 보이지
않던 별이 서서히 그 모습을 드러내기 시작할 것이다. 이렇게 상대
속도의 크기에 따라 보이기도 하고 또 보이지 않기도 하는 시공간
의 마술 역시 특수상대성이론이 지배하는 이상한 나라에서는 아주
자연스러운 현상이다.

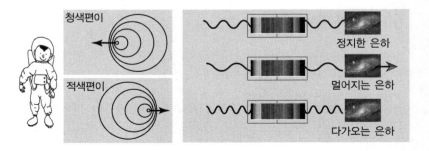

(2) 에너지-질량 등가원리, 온도와 질량의 변화

질량이 같은 두 물체가 있다. 둘 중 하나는 아주 뜨겁게 달궈 온도가 200~300 ℃도나 된다. 이 두 물체를 저울에 올려놓고 무게를 측정하면 어떻게 될까? 질문 자체가 이상한 것이 아닐까? 왜냐하면 온도와 무게는 전혀 별개의 물리량인데, 온도가 다르다고 해서 무게에 어떤 영향이 있을 것이라는 생각 자체가 비상식적이기 때문이다. 하지만 특수상대성이론이 지배하는 이상한 나라에서는 온도가 물체의 질량에 직접적인 영향을 끼친다. 바로 질량-에너지 등가원리 때문이다. 에너지가 질량으로 또 질량이 에너지로 서로 변환될 수 있기 때문에 온도가 올라가면 그 만큼 열에너지가 증가하게 되고, 이 에너지는 또 질량으로 변환될 수 있다. 예를 들어 1 kg의 금속막대가 있다고 하자. 이 막대를 가열하여 온도를 10 ℃ 올렸다. 열에너지를 가지게 된 금속막대의 질량은 어떻게 될까? 에너지-질량 등가원리, $E = m_0 c^2$를 적용해 보자. 이 열에너지를 질량으로 환산하면 대략 1.4×10^{-14} Kg 정도 된다. 실제로 정교한 저울을 이용하여 질량을 측정해 보면 정확히 에너지-질량 등가원리에 따라 질량이 변하는 것을 확인할 수 있다. 온도가 내려갈 때도 마찬가지다. 물체가 에너지를 흡수하거나 방출할 때 그 물체의 질량이 변하는 현상들을 일상에서 경험한다는 것이 그리 쉬운 일은 아니다. 하지만 태양과 같은 별의 내부에서는 상황이 다르다. 태양의 에너지원인 핵융합반응은 에너지-질량 등가원리로 설명되는 대표적인 사례다. 핵자들이 융합하면서 질량결손(Δm_0)이 생기는데, 이 때 줄어든 질량이 고스란히 에너지, $\Delta E = (\Delta m_0)c^2$로 전환된다. 고전물리학에서는 에너지와 질량이 완전히 다른 개념이기 때문에 에너지의 크고 작음에 관계없이 질량은 절대 변할 수 없지만 질량이 변하는 이런 이상한 일은 역시나 특수상대성이론이 지배하는 세계에서만 가능하다.

(3) 에너지-질량 등가원리, 입자들의 충돌과 질량의 변화

양성자가 리튬핵 (^{7}Li)과 충돌하면 두 개의 알파입자가 방출되는데, 이 현상은 코크로프트와 월턴에 의해 1932년에 처음으로 발견되었다. ^{7}Li 핵은 3개의 양성자와 4개의 중성자로 구성되어 있고, 알파입자는 두 개의 양성자와 두 개의 중성자로 구성되어 있다.

$$p + {}^7Li \ \rightarrow \ \alpha + \alpha$$

이 과정에서 충돌 후의 총질량이 충돌 전에 비해 줄어든다는 사실이 발견되었다. 하지만 운동에너지는 충돌 전에 비해 충돌 후에 더 증가한 것으로 드러났다. 반응 전후 질량과 에너지의 상반된 차이는 정확하게 특수상대성이론의 에너지-질량 등가원리로 설명이 가능하다. 반응 후 줄어든 질량이 전부 운동에너지로 전환되었다고 해석할 수 있는데, 그 근거가 바로 에너지-질량 등가원리다. 즉, 충돌 전후의 질량변화($\triangle m_0$)가 정확히 에너지의 증가($\triangle E/c^2$)와 일치하는 것으로 밝혀졌다. 에너지-질량 등가원리, $\triangle E = (\triangle m_0)c^2$

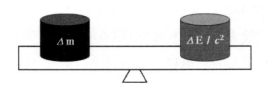

의 또 한 번의 성공이었다.

(4) 에너지-질량 등가원리, 양전자-전자의 충돌

원자보다 훨씬 작은 입자를 소립자라고 하는데, 소립자들의 세계에서는 아주 흥미로운 일들이 많이 일어난다. 그 중에서 전자와 양전자가 충돌하여 빛으로 바뀌는 정말 신기한 현상이 있는데, 이 것을 '쌍소멸'이라고 한다. 전자와 양전자가 소멸하면서 빛이 나오기 때문에 붙여진 이름이다. 여기서 양전자는 전자와 쌍둥이 입자로 양전기를 띠고 있는 것 외에는 모든 성질이 전자와 똑같다. 우리 세계에서 양전자는 아주 불안정한 소립자인데 생성되자마자 전자와 결합하여 빛으로 사라지고 만다. 그래서 양전자를 전자에 대응하는 '반물질'이라고도 한다. 이처럼 물질과 반물질이 만나면 언제나 쌍소멸 현상이 일어난다. 전자-양전자가 쌍소멸하면서 감마선(γ-선)이 방출되는데 X-선 보다 훨씬 에너지가 큰 복사선이기 때문에 보통은 방사선으로 분류된다. 전자(e^-)-양전자(e^+) 쌍소멸 반응은 다음과 같다.

$$e^- + e^+ \rightarrow \gamma + \gamma$$

이 과정에서 반응 전후의 에너지보존도 역시 에너지-질량 등가원리로 설명이 가능하다. 반응 전의 총에너지는 전자와 양전자가 가진 에너지를 더해서 얻을 수 있는데, 전자와 양전자의 질량이 같기 때문에 결국 총에너지는 전자 에너지의 두 배인 $2\,m_e\,c^2$이 된다. m_e는 전자의 상대론적 질량을 나타낸다. 쌍소멸 후 생성된 감마선의 총에너지 역시 에너지보존법칙에 따라 $2\,m_e\,c^2$이 되어야 한다. 감마선 하나의 에너지는 $0.511\,MeV$로 반응 후 총 감마선의 에너지는 이 에너지의 두 배가 될 것이다. 여기서 MeV(메가일렉트론볼트)는 전자가 100만 볼트로 가속될 때 가지는 에너지의 단위이다. 쌍소멸 전후 두 전자의 에너지, $2\,(m_e c^2)$를 계산해 보면 정확하게 $2 \times 0.511\,MeV$와 일치한다. 물질이 가진 질량이 에너지로 변할 수 있다는 사실을 명확하게 보여주는 쌍소멸 현상은 에너지−질량 등가원리를 극명하게 보여주는 사례라고 할 수 있다. 에너지−질량 등가원리의 대칭적인 성질에 따라 당연히 에너지도 질량을 가진 물질로 변환이 가능할 텐데, 이런 쌍소멸의 역 과정을 '쌍생성'이라고 한다. 이 과정은 다음과 같다.

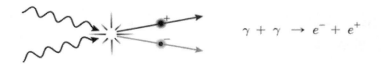

$$\gamma + \gamma \rightarrow e^- + e^+$$

이 쌍생성 과정은 두 개의 감마선이 전자와 양전자로 변환되는 과정이다. 쌍생성 과정 역시 에너지−질량 등가원리로 설명이 가능하며, 반응 전후 에너지를 비교해 보면 정확히 에너지−질량 등가원리를 따른다는 것을 알 수 있다. 질량을 가진 물질이 삽시간에 빛에너지로 변하는가 하면 또 빛이 질량을 가진 물질로 변하는 마술과도 같은 현상이 우리 우주에서 일어나고 있다는 사실이 너무나

신기한 나머지 경이롭기까지 하다. 그런데 이런 현상들을 이해할
수 있다는 사실이 얼마나 고마운지 모르겠다. 특수상대성이론의 에
너지—질량 등가원리! 아인슈타인의 천재성에 또 한 번 감탄하게 된
다. 이제 우리는 에너지로 질량을 가진 물질을 얻을 수 있고 또 물
질만으로 얼마든지 에너지를 얻을 수 있게 되었다. 그래서 에너지—
질량 등가원리에는 우주의 생성소멸원리가 숨어 있다고도 할 수 있
다. 에너지로 꽉 차 있던 우주가 한 순간 쌍생성을 통해 물질로 가
득 찬 우주로 탄생한다거나 또는 물질로 가득했던 온 우주가 쌍소
멸에 의해 한 순간 빛으로 사라질 수도 있다. 이것이 에너지—질량
등가원리의 각본 없는 드라마다.

(5) GPS와 네비게이션

GPS는 미국 국방성에서 처음으로 개발한 군사용 위성기반항법
시스템이다. 그 이후에 러시아나 중국도 자체 위성항법시스템을 갖
추게 되었다. 그런데 이 기술이 상업적으로 이용되면서 일반인들도
GPS를 쉽게 사용할 수 있게 되었다. 비행기나 자동차, 선박뿐만
아니라 요즈음은 누구나 하나쯤은 가지고 있는 스마트폰에도 GPS
가 이용되고 있다. 우리들에게는 내비게이션으로 잘 알려진 것이
바로 그것이다. GPS가 일상의 한 부분이 된지는 이미 오래전이다.
GPS를 활용한 내비게이션 장치는 거의 5~10 m의 정확도로 위치
에 대한 정보들, 예를 들어 위도, 경도, 고도, 방위 등을 실시간 제
공해 준다. 값비싼 인공위성을 사용하지만 일반인들은 많은 돈을
들이지 않고도 위치정보에 대한 도움을 받을 수 있다. 일반적으로
GPS는 지구로부터 아주 높은 고도에 위치하고 있는 24개~30개

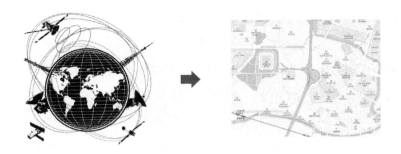

정도의 인공위성 네트워크로 이루어져 있다. GPS에 관여하는 인공위성들은 지상으로부터 약 20,000 km 상공에 있는 궤도를 따라 시속 약 14,000 km의 속도로 지구 주위를 돌고 있다. 이 정도 속도면 매 12시간마다 지구를 한 바퀴 돌 수 있다. 전체 인공위성들은 최소한 4개의 위성들이 항상 지상의 한 지점을 향할 수 있도록 배치된다.

각 위성들은 1 나노초 $(\text{ns} = 10^{-9}$초$)$정도의 정확도를 가진 원자시계를 탑재하고 있다. 예를 들어 비행기의 GPS 수신기는 6～12개 정도의 위성들로부터 실시간으로 받은 시간정보와 위치정보를 비교하여 비행기의 현재 위치와 경로에 대한 정보를 제공한다. 이렇게 해서 수 초 내에 약 5～10 m 이내의 정밀도로 비행기에 대한 위치정보를 파악할 수 있게 된다. 자동차의 내비게이션도 이와 같은 방식으로 정보를 수신하여 자동차의 위치, 속도 그리고 경로 등에 대한 정보를 실시간 제공한다. 그런데 인공위성과 지상의 관측자 사이에는 인공위성의 빠른 속도 때문에 나타나는 상대론적 시간지연효과를 반드시 고려해야 된다. 따라서 지상에 있는 관측자는 시간지연효과에 따라 인공위성의 시간을 수정해야 된다. 인공위성의 상대속도로 인한 시간지연은 지상에 비해 하루에 약 7 마이크로 초(10^{-6}초) 정도이다. 여기에 덧붙여 일반상대성이론에 의한 중력 효과도 인공위성의 시간에 영향을 끼치는데, 인공위성이 지상으로 부터 약 20,000 km 정도의 높이에 있기 때문에 인공위성에 작용 하는 중력의 세기가 지상에 비해 약 1/4로 줄어들게 되고, 이 때문 에 지상에 비해 시간의 흐름이 좀 더 빨라진다. 이 두 가지 상대론 적 시간효과를 고려하면 인공위성의 시계가 지상에 있는 시계에 비 해 하루 약 38 마이크로초 (45−7 = 38) 정도 시간이 앞서게 된다. 비록 이 값이 아주 작긴 하지만 GPS 시스템은 나노초 정도의 정 밀도가 필요한데, 이 정도의 스케일로 보면 38 마이크로초는 38000 나노초나 된다. GPS의 정밀도 관점에서는 어마어마하게 큰 시간차다. 만약 이 시간차이를 보정해 주지 않는다면 GPS 네트 워크에 의한 항법시스템은 약 2분 정도 오작동하게 되고, 그 결과 로 약 10 km 정도의 위치에 대한 오차가 발생하게 되고 그러면서 점점 누적되는 오차로 인해 결국 GPS를 사용할 수 없게 된다. 하 지만 현재 우리는 GPS를 너무나 유용하게 사용하고 있다. 왜냐하 면 상대론적 효과로 인해 발생하는 시간차이를 보정했기 때문이다. 상대성이론이 지배하는 이상한 나라는 언제나 저 멀리 또는 상상 속에서나 존재하는 줄 알았는데, 이미 우리들의 일상 깊숙이 스며 들어 함께하고 있다는 사실에 또 한 번 놀라게 된다.

(6) 자기력은 이상한 나라의 전기력?

전류가 흐르는 전선 주위에 나침반을 두면 자침이 특정한 방향으로 움직이는 것을 볼 수 있다. 이것은 전류가 흐르는 전선 주위에 생긴 자기장 때문이다. 자기장은 전류에 의해 생성되는데, 이때 자기장의 방향은 오른손규칙에 따라 결정된다. 이 규칙에 따르면 오른손 엄지손가락을 전류방향과 나란하게 향한 채로 나머지 네 손가락을 감아쥘 때 이 네 손가락의 방향이 자기장의 방향을 가리키게 된다. 전류가 자기장을 만든다는 사실, 전류가 자기장의 근원이라는 사실은 오래전에 밝혀진 결과이다. 하지만 어떻게 전류가 자기장을 만드는지에 대한 이유는 명확하게 밝혀지지 않았다. 이 문제를 해결한 장본인 역시 아인슈타인 이었다. 아인슈타인은 상대론적 길이수축효과를 이용하여 전류로 부터 어떻게 자기력이 생성될 수 있는지 그 원리를 명확하게 밝혔다. 길이수축과 자기력 사이에 어떤 관계가 있는지 한 번 알아보자. 모든 물질은 언제나 같은 수의 양전기와 음전기를 가지고 있어 서로를 상쇄시키기 때문에 대게는 이들 물질로부터 전기를 느낄 수 없게 된다. 이런 상태를 전기적 중성이라고 하는데, 전선도 마찬가지로 같은 수의 양전기와 음전기를 가지고 있어 전기적 중성상태에 있다고 할 수 있다. 그래서 전류가 흐르지 않는 전선 주위에 양전기나 음전기를 띤 입자를 두더라도 아무런 힘을 받지 않는다.

이제 전류가 흐르는 전선을 고려해 보자. 전선 주위에 전하를 두면 이 경우에도 아무런 힘을 받지 않을까? 아니면 어떤 힘을 받을까? 전류가 흐르는 전선 속에서는 전자가 빠르게 이동하고 있다.

그렇더라도 전선 안에는 여전히 같은 수의 양전기와 음전기가 있어 전기적 중성상태가 유지된다. 따라서 전선 바깥에서는 전기적 힘을 전혀 느낄 수 없게 된다. 이 상황을 상대론적 길이수축효과를

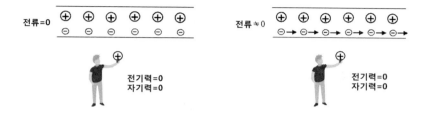

적용하여 한 번 해석해 보자. 전선 바깥에 있는 전하는 전선에 대해 정지하고 있다. 전류가 흐르지 않을 때는 전선 속에 있는 전하나 바깥에 있는 전하 모두 정지하고 있기 때문에 상대론적 길이수축효과를 적용할 수 없다. 하지만 전류가 흐를 경우에는 상황이 완전히 달라지는데, 즉 바깥에 있는 전하는 정지하고 있지만 전선 속에서는 전자가 운동하고 있기 때문이다. 이 경우에는 서로에 대한 상대속도 때문에 길이수축효과를 적용할 수 있게 된다. 바깥에 있는 전하 입장에서는 상대운동 하는 전자를 볼 수 있는데, 여기에 길이수축효과를 적용하면 전자의 크기만 조금 수축될 뿐 전선 속의 양전하와 음전하 밀도에는 아무런 변화가 없다. 따라서 전선에 전류가 흐르더라도 전선 바깥에 있는 전하는 아무런 힘을 받지 않게 된다. 만약 전선 밖에 있는 전하가 운동을 한다면 어떻게 될까? 전선 속의 전자와 전선 바깥에 있는 양전기를 띤 입자는 같은 속도를 가지고 오른쪽으로 운동한다고 하자.

양전기를 띤 입자 관점에서는 전선이 자신에 대해 반대방향으로 상대운동하기 때문에 전선의 길이가 수축되어 보일 것이다. 전선 속의 상황도 한 번 살펴보자. 전자는 운동하고 있지만 양성자는 고정되어 있다. 따라서 밖에 있는 입자가 볼 때 전자의 상대속도는 0이지만 양성자만 자신에 대해 상대속도를 가지게 된다. 그래서 전

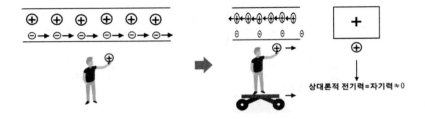

상대론적 전기력=자기력≒0

선 바깥에 있는 입자 관점에서는 양성자들 사이의 거리가 길이수축
효과에 의해 줄어들어 보이게 되고, 이 결과로 전선의 단위 길이 속
속에는 전자보다 양성자가 더 많아진다. 따라서 바깥에서는 양전기
의 밀도가 더 크게 관측된다. 길이수축 때문에 발생한 도 차이는
전선 바깥에 있는 양전기를 띤 입자에게 전기적 척력을 작용하게
된다. 이렇게 전류가 흐르는 전선 주위를 운동하는 전하는 상대론
적 길이수축효과로 인해 전기력을 느끼게 된다. 이밀 전기력이 다
름 아닌 자기력이다. 결국 전류가 흐르는 전선이 주위에 만드는 자
기력은 길이수축 때문에 나타나는 전기력의 상대론적 효과였던 것
이다. 아인슈타인이 길이수축효과만으로 전기력과 자기력 사이의
관계뿐만 아니라 자기력의 발생 원리를 설명하는 과정이 얼마나 명
쾌하고 아름다운지 또 한 번 놀라게 된다.

3부

눈으로 보는 상대론, 시공간도표

39

시간과 공간의 얽힘, 시공간의 탄생

우리가 보통 사용하는 시간은 물체의 운동이나 주변 환경으로 부터 어떠한 영향도 받지 않고 언제나 일정한 간격으로 흘러간다. 이 시간은 전 우주 어디에서든 똑같이 흘러간다. 바로 절대시간이다. 공간 역시 주위 물체들과 아무런 상호작용도 하지 않고 그 어떤 영향도 끼치지 않고 텅 빈 채로 스스로 그렇게 존재한다. 바로 절대공간이다. 이렇게 우리는 절대시간과 절대공간 속에서 살고 있다. 뉴턴은 절대시간과 절대공간 틀 속에서 운동법칙을 완성했다. 우리는 뉴턴과 같은 시선과 시간과 공간의 틀로 세계를 바라보고 또 이해하며 아무런 문제없이 그렇게 살아 왔다. 시간과 공간은 사건과 독립적으로 존재하며 사건은 시간과 공간의 절대불변의 무대에서 일련의 변화를 통해 우주의 대서사시를 연출한다. 우리는 우리의 편의를 위해 시간과 공간을 우리 세계로 초대했다. 시간과 공간은 실제 일어나는 사건의 변화와는 아무런 관계가 없는데도 말이다. 어쨌든 시간과 공간은 우리들로부터 완전히 독립적으로 존재해 왔다.

절대시간, 절대공간

하지만 속도가 광속에 가까워지는 경우 상황은 완전히 달라진다. 특수상대성이론에 따라 시간의 흐름이나 공간을 차지하는 길이가 상대속도의 크기에 따라 변하기 때문이다. 속도가 빠를수록 시간의 흐름은 점점 더 느려지고 길이는 점점 짧아진다. 이처럼 속도가 빨라지면 시간과 공간은 더 이상 절대적이거나 독립적이지 않고 서로 얽히면서 '시공간'이라는 하나의 연속체를 이루게 된다.

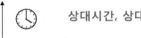

상대시간, 상대공간

사실 속도가 작은 일상에서도 시간과 공간은 시공간으로 얽혀 있지만 효과가 너무 작아 우리의 감각으로는 느끼지 못할 뿐이다. 그래서 시간과 공간이 독립적인 것으로 보이는 것이다. 속도가 광속에 점점 접근할수록 시공간의 얽힘 효과도 점점 커지기 때문에 직접 측정할 수 있을 정도가 된다. 광속이 일정하게 유지되는 세계에서는 시간과 공간이 자연스럽게 얽히면서 상대론적 현상들을 연출하는 것이다.

40

시공간의 시각화, 민코프스키의 시공간도표

상대론적 효과는 광속에 가까운 속도로 운동할 때 잘 드러나는데, 일상적인 속도에서는 그 효과가 너무 미미해서 거의 느낄 수가 없다. 더군다나 상대성이론을 이해하는 유일한 방법은 수학적으로 표현된 복잡하고 어려운 방정식을 이용하는 수밖에 없다. 게다가 우리는 4차원을 그릴수도 또 상상할 수도 없기 때문에 상대성이론이 지배하는 이상한 나라에서 벌어지는 사건들을 이해한다는 것 자체가 너무나도 어려운 과정이다. 상대성이론이 어려운 이유가 바로 여기에 있다. 상대성이론을 좀 더 쉽게 이해할 수 있는 방법은 없을까? 상대론적 결과들을 눈으로 직접 볼 수 있다면 상대성이론을 이해하는데 많은 도움이 될 것 같은데 어떻게 하면 이런 결과들을 눈으로 볼 수 있을까? 시공간의 변화를 눈으로 볼 수 있도록 수학적 방법을 고안한 학자가 있는데, 바로 그 유명한 '민코프스키'다. 민코프스키가 고안한 '시공간도표'를 이용하면 시공간에서 일어나는 사건들을 직접 볼 수 있기 때문에 결과를 좀 더 쉽게 그리고 직관적으로 이해할 수 있다. 시간 축과 공간 축으로 이뤄진 시공간도표는 공간을 따라 운동하는 물체가 시간에 따라 어떻게 변해 가는지 그 이력을 보여준다. 시공간도표 위에 표시되는 하나의 점을 '사건'이라 하고 이러한 사건들이 연속적으로 변하면서 만들어진 점들의 집합, 즉 그 선을 '세계선'이라고 한다.

41

시공간도표와 세계선

두 개의 축으로 이루어진 2차원 평면이 있다고 하자. 매 순간 평면에 대한 스냅사진을 찍어 시간 순서대로 쌓아 올리면 이것이 바로 3차원 시공간 도표 (공간 2차원 + 시간 1차원)가 된다. 2차원 평면 위에 물체가 놓여 있는 경우를 생각해 보자. 물체는 움직이지 않고 한 점에 가만히 정지해 있다. 물체와 관계없이 시간은 항상 일정하게 흘러가기 때문에 매 시각 물체의 사진을 찍어 시간 순서대로 쌓아 올리면 하나의 수직선으로 그려지는데, 이 선이 바로 공간상에 정지하고 있는 물체의 세계선이 된다. 만약 물체가 일정한 속도로 오른쪽으로 달려갈 때는 위치와 시간이 함께 변하기 때문에 매 순간 위치 변화에 대한 스냅사진을 찍어 역시 시간 순서대로 배열하면 각각의 사진은 일정한 간격을 두고 오른쪽으로 조금씩 어긋

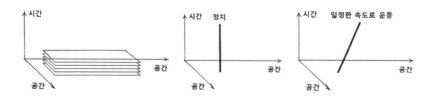

난 채로 쌓이게 된다. 이것을 시공간도표 상에 나타내면 오른쪽으로 기울어진 직선 형태의 세계선이 된다. 만약 물체의 속도가 점점 빨라지면 오른쪽으로 더 많이 기울어진 세계선을 얻게 된다. 이렇게 시공간도표상에서 그려지는 세계선의 기울기는 물체의 속도에 따라 결정되며, 속도가 빠를수록 세계선은 시간축인 수직축으로 부터 더 많이 기울어지게 된다.

42

빛의 세계선

속도가 점점 빨라지면 위치도 점점 빨리 변하게 되고 그러면 세계 선도 시간 축에 대해 점점 더 오른쪽으로 기울어질 것이다. 속도가 점점 빨라져 빛의 속도인 광속에 도달하면 세계선은 어떤 모습일까? 우리는 이미 광속불변원리를 잘 알고 있다. 우주에 존재하는 그 어떤 것도 광속보다 빠른 속도를 가질 수 없다. 오직 빛만이 광속으로 달릴 수 있다. 따라서 빛의 세계선은 시공간도표 상에서 어떤 절대 기준이 된다. 속도가 빠를수록 세계선은 시간 축으로부터 점점 멀어지며 기울기가 커진다고 했는데, 그럼 광속으로 달릴 때의 세계선은 시간 축으로부터 얼마나 기울어지게 될까? 시간 축 상의 좌표는 공간 축 좌표와 단위를 통일하기 위해 광속과 시간의 곱인 'ct'로 표시한다. 그리고 빛의 이동에 의한 위치변화는 역시 공간 축 상의 좌표 'ct'로 표현된다. 그렇기 때문에 시공간도표 상에서 빛이 이동할 때 공간좌표의 변화와 시간좌표의 변화는 항상 일대일로 대응된다. 따라서 시공간도표 상에서 빛의 세계선은 두 좌표가 일대일로 대응하기 때문에 45도의 기울기를 가지게 된다.

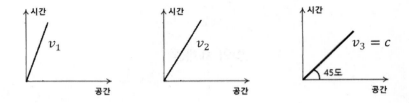

　따라서 민코프스키의 시공간도표 상에서 빛의 세계선은 45도의 기울기를 가진 직선으로 그려진다. 빛의 속도, 즉, 광속은 우주 최고의 임계속도이기 때문에 빛의 세계선이 가진 기울기가 우주에 존재하는 그 어떤 물체의 세계선 보다 크다는 것을 알 수 있다. 즉, 45도가 세계선의 한계인 동시에 최대 각이 된다. 따라서 빛을 제외한 모든 물체들의 세계선은 45도 보다 작은 기울기를 가지게 되며 항상 빛의 세계선 안쪽에 놓이게 된다. 이것은 모든 사건이 빛의 세계선 안쪽에서 일어난다는 것을 의미한다. 이렇게 빛은 45도 안쪽의 세계선을 감싸며 모든 사건들을 비추고 있다.

43

거울에 반사되는 빛의 세계선

이번에는 거울에 반사되는 빛의 세계선을 시공간 도표 상에 그려보자. 두 개의 거울이 일정한 거리를 두고 놓여 있다. 우선 두 거울의 세계선을 시공간도표 상에 그려보자. 거울의 위치는 고정되어 있기 때문에 두 거울의 세계선은 시간 축과 나란한 수직선이 된다. 빛은 왼쪽거울에서 오른쪽 거울로 진행한 후 반사되어 왼쪽거울로 다시 돌아온다고 하자. 이 경우 빛의 세계선은 어떻게 그려질까?

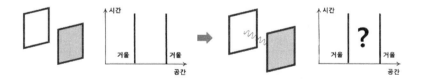

우선 왼쪽으로 달려가는 물체의 세계선을 그려보자. 오른쪽으로 운동할 경우 물체의 위치가 오른쪽으로 변하기 때문에 세계선을 오른쪽으로 기울어지도록 그리는 것처럼 위치가 왼쪽으로 변할 때는 세계선을 수직축에 대해 왼쪽으로 기울어지도록 그리면 된다. 이 경우에도 세계선의 기울기는 속도가 클수록 왼쪽으로 더 많이 기울

어지며, 물체의 세계선은 항상 45도 안쪽에 놓이게 된다. 빛의 세계선은 앞에서 살펴본 것처럼 오른쪽으로 진행할 경우에는 오른쪽으로 45도 그리고 왼쪽으로 진행할 경우에는 왼쪽으로 45도 기울어진 직선으로 그려진다. 아래 그림을 보면 시공간도표에서 빛이 어떻게 진행하는지 눈으로 쉽게 확인할 수 있다.

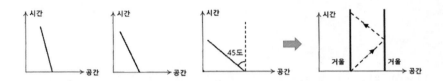

이번에는 거울이 움직이는 경우를 살펴보자. 거울은 일정한 속도로 오른쪽으로 운동하는 우주선 속에 놓여 있다고 하자. 거울은 우주선과 함께 오른쪽으로 달려가고 있기 때문에 두 거울의 세계선은 오른쪽으로 기울어진 모양으로 그려지며, 또 두 거울의 속도가 같기 때문에 세계선의 기울기도 똑같을 것이다. 따라서 일정한 속도로 운동하는 거울의 세계선을 시공간도표 상에 나타내면 그림 (a)와 같다. 이제 왼쪽 거울에서 출발하여 오른쪽 거울에 도달한 후 반사되어 다시 왼쪽 거울로 돌아오는 빛의 세계선을 그려보자. 우리는 지금 우주선 밖에서 이 상황을 지켜보고 있다. 시공간도표

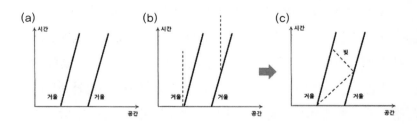

상에서 빛의 세계선은 시간 축에 대해 언제나 45도 기울어진 직선으로 표현된다. 그렇기 때문에 빛이 오른쪽으로 진행하든 왼쪽으로 진행하든 관계없이 세계선의 기울기는 항상 45도를 유지해야 된다. 오른쪽으로 진행할 때는 오른쪽으로 그리고 왼쪽으로 진행할 때는 왼쪽으로 기울어지도록 그리면 된다. 이런 규칙에 따라 일정한 속도로 운동하는 두 거울 사이를 왕복하는 빛의 세계선을 그려보면 그림 (c)처럼 된다.

거울이 움직이지 않을 때의 세계선과 비교해 보면 확연한 차이를 발견할 수 있다. 거울이 운동하지 않을 때의 빛의 세계선은 왼쪽과 오른쪽 모두 세계선의 길이가 같은 반면 거울이 오른쪽으로 운동할 때는 오른쪽으로 진행하는 빛의 세계선에 비해 왼쪽으로 진행하는 빛의 세계선이 더 짧은 것을 볼 수 있다. 광속은 항상 똑같기 때문에 시공간에서 세계선이 더 길다는 것은 그만큼 시간이 더 많이 걸린다는 것을 의미한다. 거울 사이의 거리는 전혀 변하지 않았는데 빛이 진행하는 방향에 따라 거울에 도달하는 시간이 달라진다는 사실이 정말 흥미롭다. 만약 위와 똑같은 상황에서 두 거울의 중앙에 어떤 관측자가 서 있고 거울이 있는 양쪽에서 빛을 동시에 비춘다면, 두 빛은 관측자에게 동시에 도달할까? 아니면 도달시점이 서로 다를까? 위의 결과에 따르면 관측자는 두 빛을 동시에 볼 수 없게 된다. 우리가 볼 때는 양쪽 빛이 동시에 켜졌지만 거울과 함께 운동하는 관측자는 두 불빛이 서로 다른 시간에 켜졌다고 주장한다. 왜냐하면 오른쪽에서 출발한 빛이 관측자에게 먼저 도달할 것이기 때문이다. 이렇게 시공간도표를 이용하면 사건의 동시성과 비동시성을 눈으로 직접 확인할 수 있다.

44
빛원뿔

한 점에서 빛이 사방으로 퍼져 나가는 상황을 상상해 보자. 2차원 평면의 한 점에서 폭발이 일어나면서 빛이 동심원형태로 사방으로 퍼져나가고 있다. 이 상황을 시공간도표로 한 번 그려보자. 빛이 퍼져나가는 매 순간마다 촬영한 스냅사진을 시간 축을 따라 순서대로 쌓아 올려보자. 이 경우에도 빛의 세계선은 항상 45도 기울기를 유지하도록 그려야 한다.

스냅사진을 시간 축을 따라 쌓아보면 2차원 평면상에서 사방으로 퍼져나가는 빛의 세계선은 원뿔 형태가 되며, 시공간도표 상에

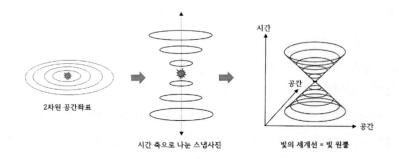

2차원 공간좌표   시간 축으로 나눈 스냅사진   빛의 세계선 = 빛 원뿔

그려진 이 원뿔모양의 세계선을 '빛원뿔'이라고 부른다. 상대성이론에서 빛원뿔은 아주 중요한데, 왜냐하면 시공간도표에서 길이와 시간 모두 광속과 관계있기 때문이다. 그리고 상대성이론에서 사건과 관련된 모든 시간이 광시계로 측정되는 것 또한 빛 원뿔과 밀접한 관계가 있다. 시공간도표 상의 모든 점에는 광시계가 하나씩 있고 그래서 이 도표 상에 있는 모든 사건들 하나하나에는 광시계가 하나씩 대응된다. 광시계의 세계선이 빛원뿔로 그려지기 때문에 시공간도표 상의 모든 점에 빛원뿔을 그려 넣을 수 있다. 따라서 비록 보이지는 않지만 전 시공간이 빛원뿔로 가득 차 있다고 상상할 수 있다. 그래서 시공간 속에 있는 우리들 자신도 자신만의 고유한 빛원뿔을 하나씩 가진다고 할 수 있다. 우리들 자신만의 고유한 시공간을!

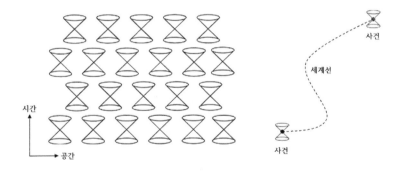

45

눈으로 보는 동시성

갑자기 번개가 치면 주위에 있던 모든 사람들이 동시에 화들짝 놀라는 광경을 자주 보곤 한다. 동시에 놀란다는 것은 번개를 동시에 목격했다는 것을 의미한다. 근데 실제로 동시에 본 것일까? 아인슈타인은 번개가 치는 하나의 사건에 대해서조차 관측자가 어떤 운동 상태에 있느냐에 따라 동시가 아닐 수 있다고 주장한다. 우리는 이미 동시성의 상대성을 잘 알고 있다. 시공간도표를 이용해서 동시성이 어떻게 깨지는지 그림을 통해 눈으로 직접 확인해 보자. 백 번 듣는 것 보다 한 번 보는 것이 좋다는 말이 있듯이 눈으로 확인하는 것이 동시성을 이해하는 가장 좋은 방법일 것이다. 우선 무대를 설치해 보자. 두 광원의 중간지점에 관측자가 서 있고, 양쪽에 있는 광원을 동시에 켠다. 여기서 동시에 켠다는 것은 우리들 관점에 대한 것이다. 빛은 시공간도표 상에서 45도로 기울어진 세계선을 따라 진행할 것이다. 오른쪽과 왼쪽으로 진행하는 빛의 세계선은 각각 오른쪽으로 45도 그리고 왼쪽으로 45도 기울어진 직선으로 표현된다. 먼저 광원과 관측자가 정지하고 있는 경우를 살펴보

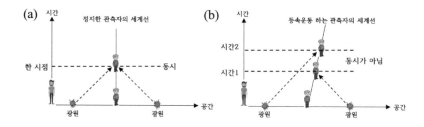

자. 두 광원에서 출발한 빛의 세계선과 관측자의 세계선을 그려보면 그림 (a)와 같다. 양쪽에서 출발한 빛이 관측자에게 동시에 도달하는 것을 볼 수 있다. 정확히 '한 시점'으로 표시된 시간에 두 빛이 관측자에게 도달한다. 그렇기 때문에 관측자는 두 사건이 '동시적'이라고 판단한다. 이번에는 관측자가 일정한 속도로 오른쪽으로 달려가고 있는 경우다. 이 상황을 시공간도표로 그리면 그림 (b)와 같다. 오른쪽에서 출발한 빛이 관측자에게 도달하는 시각은 '시간1'이고 왼쪽에서 출발한 빛이 관측자에게 도달하는 시각은 '시간2'이다.

이처럼 관측자가 광원에 대해 상대적으로 운동하는 경우에는 같은 거리에서 출발한 빛이라도 서로 다른 시간에 도달하는 것을 볼 수 있다. 따라서 이 경우 관측자는 두 사건이 '동시적'이 아니라고 결론짓는다. 시공간도표를 활용하여 동시적 사건과 비동시적 사건을 살펴봤다. 이렇게 시공간도표를 이용하면 사건이 시공간 상에서 실제로 어떻게 보이는지를 세계선을 통해 직접 눈으로 확인 할 수 있고 그래서 복잡하고 어려운 방정식만으로 이런 상황을 다룰 때보다는 훨씬 직관적으로 상대론적 현상들을 이해할 수 있게 된다. 우리 모두는 지금도 동시에 보고 듣고 또 모든 것들을 동시에 느끼며 함께 살아간다고 생각하고 있다. 하지만 우리가 어떤 운동 상태에 있느냐에 따라 하나의 사건이 누구에게는 동시일 수도 있고 또 다른 누구에게는 동시가 아닐 수 있다. 이제 우리는 상대의 관점에 귀 기울여야 한다. 우리가 보게 되는 모든 현상들이 상대방의 관점에 따라 다르게 보일 수 있기 때문이다. 이렇게 관측자의 운동 상태에 따라 달라지는 동시성을 '동시성의 상대성'이라고 한다. 상대성이론은 절대적이라고 믿었던 시간의 동시성을 깨고 시간의 상대성이 지배하는 우주로 우리들을 초대했다.

운동하는 관측자의 시공간도표

지금까지는 정지하고 있는 관측자 입장에서 본 사건과 세계선에 대한 시공간도표를 알아봤다. 이제부터는 운동하고 있는 관측자의 시공간도표에 대해 한 번 알아보자. 운동하는 기준틀의 시공간도표를 어떻게 그려야 할까? 정지하고 있는 우리에 대해 일정한 속도로 운동하는 관측자가 있다고 해보자. 우리 기준틀의 시간과 공간 좌표는 ct, x로 그리고 우리에 대해 일정한 속도로 오른쪽으로 운동하는 기준틀의 시간과 공간 좌표들은 ct', x'라고 하자. 앞 절에서 살펴 본 것처럼 오른쪽으로 운동하는 기준틀의 시간 축은 정지한 기준틀의 시간 축에 대해 오른쪽으로 기울어지도록 그렸다. 이때 시간 축의 기울기는 광속에 대한 기준틀의 상대속도에 따라 결정되며, 기준틀의 속도가 클수록 시간 축의 기울기도 오른쪽으로 점점 더 많이 기울어진다. 단, 시간 축의 기울기는 빛의 세계선인 45도를 절대 넘어서는 안 된다. 왜냐하면 질량을 가진 그 어떤 물체도 광속으로 운동할 수 없기 때문이다. 따라서 일정한 속도로 운동하는 기준틀의 시간 축은 정지한 기준틀의 시간 축과 빛의 세계선 사이 영역에 놓이게 된다. 또한 모든 시공간 좌표는 광속불변원리와 로렌츠변환이 만족되도록 작도해야 된다. 따라서 시공간도표에서의 시간 축과 공간 축은 관측자가 어떤 운동 상태에 있던 빛의 속도가 항상 광속 c를 유지하도록 그렇게 작도해야 하며 그래서 운동하는 기준틀의 시간 축이 먼저 결정되면 공간 축은 광속이 일정하게 유지되도록 시간 축과의 관계를 고려해서 그려야 된다. 여기서 필요한 것이 로렌츠변환이다. 로렌츠변환은 어느 기준틀에서나 빛의 속도가 광속 c를 유지하도록 하는 좌표변환이다. 로렌츠변환에 따라 $+x$ 방향으로 운동할 때의 공간축은 빛의 세계선 쪽으로 그리고, 또 $-x$ 방향으로 운동할 때는 빛의 세계선에서 멀어지는 방향으로 그려진다. 이때 축의 기울어진 각도는 시간 축과 마찬가지로 운동하는 기준틀의 광속에 대한 상대속도의 크기에 따라 결정된다. 이런 규칙을 적용하여 우리에 대해 일정한 속도로 운동하는 기준틀의 시공간 좌표는 다음과 같이 그려진다. 상대속도가 클수록 시간 축

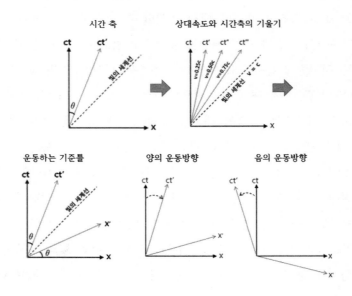

은 빛의 세계선 쪽으로 많이 기울어지며 운동방향에 따라 시공간 축은 서로 가까워지기도 하고 멀어지기도 한다.

따라서 우리에 대해 오른쪽으로 운동하는 기준틀의 경우 시간 축과 공간 축은 빛의 세계선 쪽을 향하도록 작도하고, 왼쪽으로 운동하는 경우는 두 축이 빛의 세계선에서 멀어지는 방향을 향하도록 작도하면 된다. 이렇게 시공간 좌표를 결정하고 나면 정지하고 있는 관측자와 운동하는 관측자는 상대운동에 따라 서로의 시공간에서 일어나는 사건뿐만 아니라 시간과 공간에 대한 모든 정보를 직접 눈으로 확인할 수 있을 뿐만 아니라 복잡하고 어려운 수식으로만 다뤄야 했던 상대론적 효과 및 결과들을 직관적으로 이해할 수 있게 된다.

한 사건에 대한 두 기준틀의 관점

가만히 서 있는 관측자와 일정한 속도로 운동하고 있는 관측자가 있다고 하자. 어떤 한 사건을 두 사람이 동시에 관측하는 상황을 시공간도표를 이용해서 한 번 나타내 보자. 과연 두 사람은 하나의 사건을 어떻게 보게 될까? 가만히 서 있는 관측자의 기준틀을 이루는 시간 축과 공간 축은 ct, x로 그리고 일정한 속도로 운동하는 기준틀의 시간 축과 공간 축은 ct', x'로 표시하자. 우선 두 기준틀에서 각 사건에 대한 시간좌표와 공간좌표를 어떻게 결정하는지 알아보자. 시간좌표는 사건이 정의된 점에서 주어진 기준틀의 공간 축과 나란한 직선을 그렸을 때, 그 직선이 시간 축과 만나는 점이다. 마찬가지로 공간좌표는 시간 축과 나란한 직선을 그렸을 때, 그 직선이 공간 축과 만나는 점이다.

두 기준틀에서 본 어떤 한 사건, E의 시공간좌표를 각각 (ct_e, x_e)와 (ct_e', x_e')라고 하자. 정지한 기준틀에 대해 오른쪽으로 운동하는 기준틀의 시공간축은 앞 절에서 살펴본 것처럼 45도 기울기를 가진 빛의 세계선 쪽을 향해 작도하여 얻을 수 있으며,

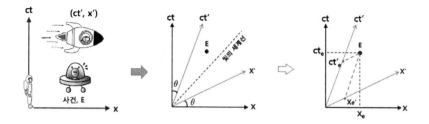

이 경우 두 축은 빛의 세계선에 대해 같은 각을 가지고 서로 마주
보는 형태가 된다. 만약 운동하는 기준틀의 속도가 점점 빨라지면
시간 축과 공간 축은 빛의 세계선 쪽으로 점점 더 접근하게 된다.
이제 두 시공간도표를 한번 비교해 보자. 두 기준틀의 좌표축 모양
이 확연히 다르다는 것을 알 수 있다. 정지하고 있는 기준틀의 두
축은 90도를 유지하지만 운동하는 경우 두 축은 90에서 벗어나 서
로 마주하여 기울어져 있는 것을 볼 수 있다.

따라서 두 기준틀에서 볼 때 주어진 사건, E에 대한 시공간 좌
표가 서로 다르게 표시되는 것을 눈으로 직접 확인할 수 있다. 두
기준틀에서 바라볼 때 사건의 발생시각은 t_e와 t_e' 그리고 위치는
x_e와 x_e'로 서로 다른 좌표로 정의되는 것을 알 수 있다. 이렇게
하나의 사건이 관측자가 어떤 운동 상태에서 보느냐에 따라 시점과
함께 공간에서의 위치도 달라진다. 따라서 서로 다른 기준틀에서는
서로 다른 시간과 공간의 척도가 정의되고, 각자의 시공간 틀로 자
신들만의 사건을 보고 또 해석하게 된다. 절대적 시간과 공간은 이
제 더 이상 우리 우주에는 존재하지 않는다. 오직 상대적인 시간과
공간만이 우리 주위를 에워싸고 있다. 시공간도표는 이렇게 시공간
의 상대성을 시각적으로 잘 보여주는 아주 강력한 도구라고 할 수
있다. 상대성을 눈으로 볼 수 있다는 것은 정말 다행한 일이다.

48

시공간도표로 나타낸 동시성

동시성은 사건이 동시 즉, 같은 시점에 일어났다는 것을 의미한다. 시공간도표에서 동시에 일어난 사건들을 어떻게 표시하는지 한 번 알아보자. 동시적 사건이란 같은 시간 축 위에 놓여 있는 사건들을 말한다. 시공간도표에서 시간이 같은 점들의 집합이 동시성을 만족하는 사건들이기 때문에 이 점들의 집합은 시간 축의 한 점에서 공간 축을 따라 나란한 직선을 그었을 때 그 직선위에 있는 모든 점들이 여기에 해당된다. 즉, 공간 축과 나란한 직선 위의 모든 점들은 같은 시간에 일어난 동시적 사건이 된다. 따라서 공간 축과 나란한 직선을 '동시선' 또는 '등시선'이라고 할 수 있는데, 지금부터는 '동시선'이라는 용어로 통일해서 사용하도록 하자.

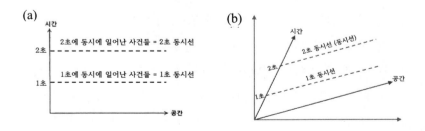

그림(a)에는 1초와 2초 때의 동시선이 그려져 있다. 점선 위에 있는 모든 점들은 같은 시간에 일어난 사건들을 나타낸다. 각 시점에 대한 점선이 공간 축과 나란한 것을 볼 수 있다. 이처럼 동시선은 시공간도표 상에서 항상 공간 축과 나란하게 그려진다. 그림(b)의 시공간도표는 일정한 속도로 오른쪽으로 운동하는 기준틀에서의 동시선들을 나타낸다. 이 경우도 마찬가지로 동시선은 공간 축과 나란하게 그려야한다. 점선으로 표시되어 있는 선들이 1초와 2초 때의 동시선을 나타내는데 비스듬히 기울어진 공간 축에 나란하게 그려져 있는 것을 볼 수 있다. 시공간도표에서 공간 축과 나란한 직선, 즉 동시선은 항상 같은 시점에 일어난 사건, 즉 동시적 사건들을 나타낸다. 아래 그림은 동시선을 이용하여 동시성의 상대성을 시공간도표로 나타낸 것이다. 정지기준틀에서 본 두 점 x_1, x_2는 같은 시간에 존재하는 동시적 사건이다. 하지만 일정한 속도로 운동하는 기준틀에서 보면 'x'로 표시되어 있는 두 점 ①과 ②가 서로 다른 시점에 존재하는 사건이라는 것을 알 수 있으며, 운동하는 기준틀에서 볼 때 두 사건 사이의 시간차가 $c\Delta t' \neq 0$라는 사실을 시공간도표를 통해 확인할 수 있다.

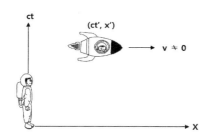

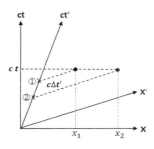

동시성의 상대성, 한 기준틀에서는 동시적 사건이 다른 운동 상태에 있는 기준틀에서는 동시적 사건이 아닐 수 있다는 사실이 시공간도표 상에서는 너무나 명확하게 드러난다. 나는 나의 유일한 시공간으로 너는 너의 유일한 시공간으로 그렇게 우리는 자신만의 유일한 시공간 틀로 우주를 바라본다.

49

시공간도표에서 빛의 진행

한 우주선이 일정한 속도로 우주공간 속을 운동하고 있다. 우주공간에 멈춰 있는 한 관측자가 우주선을 향해 레이저를 발사한다. 우주선에 도달한 빛은 곧 바로 정지한 관측자에게로 되돌아온다고 하자. 이 상황을 시공간도표로 한 번 그려보자.

우주선을 향해 레이저가 발사된 시점은 ct_1, 레이저가 우주선에 도달한 시간은 ct 그리고 우주선에서 반사된 빛이 정지하고 있는 관측자에게로 되돌아온 시간은 ct_2 라고 하자. 각자의 기준틀에서 공간 축과 나란한 직선을 그려 동시성을 조사해 보자. 우주선 밖에 있는 정지기준틀 관점에서 동시선을 그려보면 두 기준틀에서의 같은

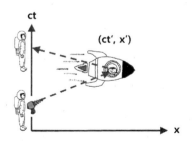

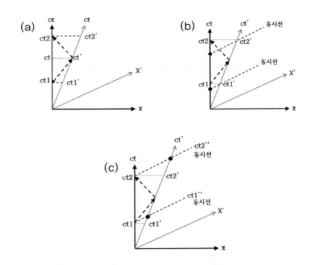

시점들을 확인할 수 있다. 그림 (a)를 보면 ct_1, ct, ct_2에 대응되는 우주선에서의 동시적 시점들은 $ct_1{}'$, ct', $ct_2{}'$가 된다.

이 상황을 우주선의 기준틀에서 보면 어떻게 될까? 그림 (b)에는 우주선에서 본 사건의 동시선들이 점선으로 표시되어 있다. 우주선에서 볼 때 ct_1은 $ct_1{}'$과는 더 이상 같은 시점이 아니고 마찬가지로 $ct_2{}'$도 ct_2와 같은 시점이 아니라는 것을 알 수 있다. 레이저가 두 기준틀 사이를 왕복하는 한 사건에 대해 두 관측자는 이처럼 서로 다른 시점으로 사건을 보고 있다는 사실을 시공간도표로 간단히 확인할 수 있다. 우주선 기준틀에서 볼 때 $ct_1{}'$을 포함하는 동시선을 그려보면 정지기준틀에서의 동시적 시점이 ct_1보다 이전 시점이라는 것을 알 수 있고 마찬가지로 $ct_2{}'$의 동시적 시점 역시 ct_2보다 이전 시점이라는 것을 그림 (b)를 통해 알 수 있다. 그림 (a)와 (b)를 비교해 보면 레이저가 발사되는 시점, 레이저가 우주선에 도착하는 시점 그리고 다시 되돌아가는 시점들이 두 기준틀 관점에서 완전히 다른 것을 볼 수 있다. 그림 (c)에는 우주선 기준틀에서 볼 때 ct_1과 ct_2의 동시적 시점을 포함하는 동시선이 표시되어 있다. 레이저가 발사되어 우주선에 도착한 후 다시 정지한 관측자에게 돌아오는 시점들과 동시적 시점들은 ct_1', ct_2' 보다 시간이 좀 더 흐른 ct_1'', ct_2'' 이 된다. 이렇게 빛을 주고받는 두 관측자는 서로 다른 시점으로 하나의 사건을 바라보게 된다.

정지한 관측자가 본 시간지연효과

시간지연효과를 직접 눈으로 확인해 보자. 우선 두 기준틀, 정지 기준틀(K)과 일정한 속도로 운동하는 기준틀(K')의 시공간도표를 그린 다음 두 기준틀에서 본 어떤 한 사건에 대한 동시선도 함께 그려보자. 운동하는 기준틀의 시공간도표는 당연히 45도 기울기를 가진 빛의 세계선을 향해 같은 각을 가지도록 작도하면 된다. 시간 축은 정지기준틀의 시간 축 ct에 대해 오른쪽으로 기울어진 축 ct'으로 그리고 공간 축은 빛의 세계선에 대해 대칭적으로 시간 축을 마주보도록 그리면 된다. 서로에 대해 상대운동하고 있는 두 기준틀과 각자의 관점에서 본 동시선을 그려보면 다음과 같다. 시간 축에 굵은 선으로 그려져 있는 직선은 정지기준틀에서 측정한 경과시

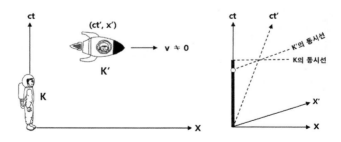

간을 나타낸다.

오른쪽으로 달려가고 있는 K′ 기준틀 관점에서는 우주선에 타고 있는 관측자 자신은 정지해 있고 바깥에 있는 K 기준틀이 상대적으로 왼쪽으로 운동하는 것을 보게 된다. 이때 왼쪽으로 상대운동 하는 관측자의 시공간도표는 45도 기울기를 가진 빛의 세계선으로부터 멀어지는 방향으로 그려지기 때문에 시간 축은 왼쪽으로 기울어지게 그리고 또 공간 축은 빛의 세계선으로부터 멀어지는 방향으로 그려진다.

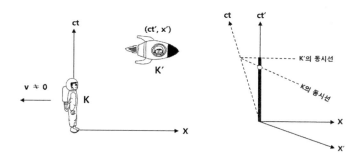

이제 상대방에 대해 각자가 느끼게 되는 시간지연효과를 시공간도표로 확인해 보자.

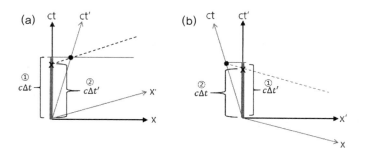

그림 (a)는 정지기준틀과 일정한 속도로 오른쪽으로 운동하는 기준틀에 대한 시공간도표를 나타낸다. 정지기준틀에 있는 관측자가 일정시간 동안 우주선을 바라보며 측정한 경과시간이 ①로 표시되어 있고, 그 시간은 $c \triangle t$가 된다. 그리고 이 시간에 대응되는 우주선에서의 시점이 ct' 축 위에 검정색 점으로 표시되어있다. 그런데 우주선 관점에서 이 점을 포함하는 동시선을 그려 정지기준틀로 연장해 보면 X로 표시된 시점과 만나는데, 여기에 대응되는 정지기준틀에서의 시간이 ②로 표시되어 있고 이때의 경과시간은 $c \triangle t'$이 된다. 두 시간을 비교해 보면 ①이 ② 보다 크다는 것을 시공간도표 상에서 간단히 확인할 수 있다. 이것은 정지 기준틀에 있는 관측자가 볼 때 우주선에서의 시간이 자신의 시간보다 느리게 흐른다는 것을 의미한다. 즉, 우주선에서의 시간이 바깥에 비해 두 시간의 차이 '①-②'만큼 시간이 지연된다. 그림 (b)는 운동하는 우주선 관점에서 그려진 시공간도표이다. 우주선 관점에서는 바깥에 서 있는 관측자가 상대적으로 운동하기 때문에 (a) 경우와는 달리 시간 축과 공간 축을 빛의 세계선으로부터 서로 멀어지도록 그려 시공간도표를 얻는다. 우주선에 있는 관측자가 왼쪽으로 이동하는 바깥에 있는 관측자를 바라보며 측정한 경과시간이 ①로 표시되어 있고, 그 시간은 $c \triangle t'$이 된다. 그리고 이 시간에 대응되는 바깥에 있는 관측자 시점이 ct 축 위에 검정색 점으로 표시되어있다. 그런데 왼쪽으로 운동하는 관측자 관점에서 이 점을 포함하는 동시선을 그려 우주선 기준틀로 연장해 보면 X로 표시된 시점과 만나는데, 여기에 대응되는 우주선 기준틀에서의 시간이 ②로 표시되어 있고 이때의 경과시간은 $c \triangle t$가 된다. 두 시간을 비교해 보면 ①이 ② 보다 크다는 것을 알 수 있다. 이 결과는 우주선에서 볼 때 왼쪽으로 운동하는 바깥에 있는 관측자의 시간이 '①-②'만큼 지연된다는 것을 의미한다. 그림 (a)와 (b)로부터 알 수 있는 사실은 서로에 대해 상대적으로 운동하는 기준틀에서만 시간지연효과가 나타난다는 것이다. 즉, 정지 기준틀에서는 운동하고 있는 우주선에서 시간지연이 일어나지만 우주선 기준틀에서는 바깥에 있는 관측자에게 시간지연이 일어난다. 관측자의 운동 상태에 따라 달라지는 시간! 이것이 특수상대성이론이 발견한 시간의 실체, 즉 시간의 상대성이다. 이렇게 시공간도표를 이용하면 관측자에 따라 시간이 어떻게 지연되는지를 직접 눈으로 확인할 수 있으니 복잡한 수식을 사용할 때보다 주어진 현상을 훨씬 더 잘 이해할 수 있다.

속도와 시간지연효과

시간지연은 상대속도의 크기에 따라 달라지는데, 이번에는 상대속도에 따라 시간이 얼마나 지연되는지 시공간도표를 이용하여 확인해 보자. 여기에는 우주공간에 정지한 채 가만히 서 있는 관측자와 일정한 속도로 운동하는 우주선이 있다고 하자. 우주선은 거의 광속에 가까운 속도로 운동하고 있다. 광속을 c라 할 때 우주선의 상대속도가 c/2인 경우와 4c/5인 경우 정지 기준틀에 대한 시간지연 정도를 비교해 보자.

먼저 정지 기준틀 관점에서 그린 동시선(실선)을 보자. 상대속도가 c/2인 경우 정지 기준틀에서의 2.31년에 대응되는 우주선 내에

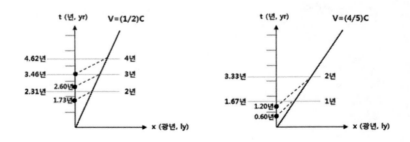

서의 시간은 2년이고 또 우주선의 속도가 4c/5인 경우 정지 기준
틀에서 3.33년에 대응되는 우주선에서의 시간은 2년이다. 이번에는
우주선 기준틀에서 그린 동시선(점선)에 주목해 보자. 속도가 c/2
일 때 우주선에서의 2년이 바깥에 서 있는 관측자의 1.73년과 같
고, 속도가 4c/5일 때는 우주선에서의 2년이 바깥에 서 있는 관측
자의 1.20년과 같다. 이렇게 두 시공간도표를 비교해 보면 우주선
의 속도가 클수록 시간이 더 많이 지연된다는 것을 알 수 있다. 시
공간도표의 효용성을 또 한 번 실감하게 된다. 두 관측자 사이에
나타나는 시간지연효과가 시공간도표 상에서는 너무나도 명백하게
드러난다.

52

시간지연효과와 쌍둥이역설

나이가 20세인 쌍둥이 형제가 있다. 둘 중 한 사람은 광속의 절반 속도인 0.5c로 지구에서 10광년 떨어져 있는 별로 여행을 한다. 그리고 별에 도착하자마자 곧 바로 지구로 돌아온다. 나머지 한 사람은 지구에 남아서 이 상황을 지켜보고 있다.

우주선이 여행을 마치고 지구에 돌아왔을 때 지구에서는 40년의 세월이 흘렀다. 이 시간은 지구에 남아 있는 사람이 측정한 시간이다. 하지만 시간지연효과 때문에 지구에 대해 광속의 절반속도로 상대운동 하는 우주선에서는 시간이 $\sqrt{1-0.5^2} \simeq 0.87$배 만큼 느리게 흘러간다. 전체 여행기간 동안 이 만큼의 시간지연을 고려하

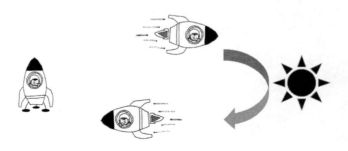

면 우주선 안에서는 40/1.15 = 34.7년 밖에 흐르지 않는다. 그래서 우주여행을 마치고 지구에 돌아 왔을 때 쌍둥이는 서로의 나이가 달라져 있는 것을 발견하게 된다. 지구에 남아 있던 쌍둥이 중 한 사람의 나이는 60세가 되었지만 우주여행을 하고 돌아 온 사람의 나이는 55세가 되어 둘 사이에 5년 정도 시간차이가 있음을 확인하게 된다. 영화 '인터스텔라'에서 젊은 아버지와 할머니가 된 딸이 만나는 드라마틱한 장면이 있는데, 바로 쌍둥이와 같은 상황을 잘 표현한 장면이라고 할 수 있다. 일상에서는 쉽게 느낄 수 없는 상황이지만 우리에게는 시공간도표라는 강력한 시각화 장치가 있다. 시공간도표를 이용하여 이 상황을 직접 그려보도록 하자.

시공간도표에서 점선은 우주선 기준틀에서의 동시선을 나타낸다. 지구에서 별로 여행할 때 지구와 우주선에서의 시간은 각각 ①과 ①' 이다.(왼쪽 그림) 그리고 우주선이 다시 지구를 향해 돌아올 때 지구와 우주선에서의 시간은 ②와 ②' 이다. 따라서 지구에서 볼 때 우주선의 전체 여행시간은 ①+②가 되고, 우주선에서의 전체 여행시간은 ①'+②'가 된다. 두 기준틀에서 본 전체 여행시간을 비교해 보면 ①+②가 ①'+②' 보다 크다는 것을 알 수 있다.

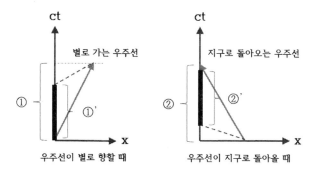

즉, 지구에서 볼 때는 우주선에서의 시간이 느리게 흐른다. 우주선에서는 이 상황이 어떻게 될까? 이번에는 우주선에 대해 지구가 상대운동하기 때문에 지구에 있는 사람이 상대적으로 나이를 덜 먹게 될 것이다. 상대운동의 결과다. 그런데 뭔가 이상하다. 이렇게 되면 상대방이 자신보다 언제나 나이를 덜 먹게 되고 결국 두 사람의 나이는 같아진다. 시간지연효과는 무의미해진다. 그런데 쌍둥이 역설에 따르면 우주여행을 하고 돌아 온 사람의 나이가 분명히 작다. 하지만 상대운동만을 고려하면 나이는 같아져야 하는데 도대체 어떻게 된 것일까? 뭔가 좀 이상한듯하지만 상대성이론이 지배하는 나라에서는 두 경우 모두가 정답이다. 이처럼 운동의 상대성 때문에 나타나는 이상하지만 둘 다 가능한 이런 현상을 '쌍둥이 역설'이라고 한다. 일어나지 않을 것 같은 현상이지만 실제로는 가능하기 때문에 '역설적'이라고 한다. 일반상대성이론에 따르면 지구에 있는 사람과 우주선을 타고 여행을 하는 사람은 서로 다른 운동 상태에 있기 때문에 우주여행을 한 사람이 실제로 나이를 덜 먹게 된다. 공상과학 영화에서는 쌍둥이 역설과 관련된 장면들이 자주 등장하는데, 아이러니하게도 쌍둥이 역설은 공상이 아닌 우리 세계에서 실제로 일어나는 엄연한 과학적 사실이다.

53

쌍둥이역설의 이해

쌍둥이역설은 서로에 대해 상대운동 하는 두 관측자가 상대방의 시간이 더 느리게 흐른다고 주장하는 상대론적 현상이다. 그렇기 때문에 상대방이 언제나 자신보다 나이를 덜 먹는다고 주장한다. 그런데 막상 두 사람이 만났을 때는 어느 쪽 사람의 나이가 더 많을까? 쌍둥이 역설에 따르면 두 사람 모두 자신들이 생각하는 것 보다 젊어보여야 되는데, 뭔가 모순이다. 이것을 확인하는 방법은 두 사람이 만나는 수밖에 없다. 우주여행과 관련된 쌍둥이역설 문제로 다시 돌아가 보자. 지구에 남아있는 사람은 우주를 여행하고 있는 사람이 그리고 여행하고 있는 사람은 지구에 남아있는 사람이 나이를 덜 먹는다고 주장한다. 그런데 앞서 살펴봤지만 실제로 나이를 덜 먹는 쪽은 우주여행을 마치고 돌아 온 사람 쪽이다. 왜 그럴까? 상대성의 대칭이 깨져버렸다. 둘 사이의 상대운동에 대해 우리가 모르는 차이가 있는가? 시간지연효과의 대칭이 깨지기 위해서는 둘 사이에는 분명한 운동의 차이가 있어야만 한다. 왜냐하면 상대운동 만으로는 설명이 안 되기 때문이다. 이 문제를 해결하기 위해 우주

관성기준틀(정지)　　　　　　가속 기준틀　　　　　　　　　　　　관성기준틀. 상대운동만 존재

여행의 실제적인 부분을 한 번 따져보자. 먼저 별까지 가는 과정이다. 별까지 가는 동안에는 일정한 속도로 여행할 수 있다. 하지만 별에 도착하기 위해서는 속도를 줄여야 된다. 그리고 별을 돌아 지구로 돌아 올 때는 속도를 다시 높여야 된다. 지구로 향하는 동안 일정한 속도를 유지할 수 있지만 지구에 착륙하기 위해서는 또 한 번 속도를 줄여야 된다. 그리고 최종적으로 지구에 착륙한다. 이와 달리 지구에 남아 있는 사람은 우주여행이 끝날 때 까지 줄곧 정지 상태를 유지하고 있었다.

따라서 전체 여행기간 동안 쌍둥이의 운동 상태가 서로 다르다는 것을 알 수 있다. 우주여행을 한 사람은 속도가 수시로 변하는 가속운동을 했지만 지구에 남아있었던 사람은 정지 상태를 계속 유지하고 있었다. 이렇게 두 사람의 운동 상태 차이가 시간지연효과의 대칭을 깨뜨려 시간 차이를 만든 것이다. 광속의 절반 속도인 $0.5c$로 우주여행을 하고 돌아 왔을 때 지구에서 측정한 전체 여행시간이 10년이면 우주선에서의 시간은 시간지연효과 때문에 8.66년 걸린다. 우주선이 별까지 여행한 다음 다시 방향을 바꿔 지구로 돌아오는 상황을 시공간도표로 한번 확인해 보자. 지구에 있는 관측자를 기준으로 5년 구간과 나머지 5년에 대한 시공간도표는 다음과 같다. 앞 절에서 살펴 본 것과 같이 오른쪽으로 5년 그리고 다시 왼쪽으로 5년 해서 총 10년 동안의 시간변화를 두 기준틀에 대

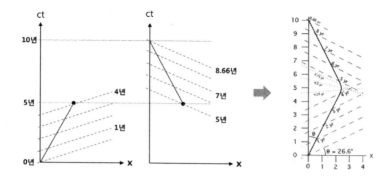

해 나타내었다. 동시선을 보면 지구에서 5년은 우주선에서는 4년, 그리고 지구에서 10년이 우주선에서는 8.66년이라는 것을 알 수 있다.

이 그림에서 아주 흥미로운 점은 방향이 바뀌는 구간이다. 오른쪽 그림에서 우주선 기준틀에서의 4년과 5년에 대한 동시선을 지구 기준틀로 확장해서 만나는 두 시점 사이의 시간간격이 대략 3년에 해당하는 것을 알 수 있다. 즉, 우주선이 1년에 걸쳐 방향을 바꾸는 동안 지구에서는 거의 3년 이상의 시간이 흘렀다는 것을 의미한다. 이것은 우주선이 방향을 바꾸기 위해 가속되거나 감속될 때 발생하는 또 다른 시간지연 때문에 나타난 결과이다. 가속운동을 포함하는 문제는 일반상대성이론의 영역에 속하기 때문에 여기서는 이 정도로 이해하면 좋을 것 같다. 만약 전 우주여행 과정동안 우주선의 속도가 변하지 않고 일정한 상태를 유지했다면 두 사람 사이의 상대운동에는 아무런 차이가 발생하지 않을 것이고 시간지연효과의 대칭도 유지되었을 것이다. 하지만 상대운동의 비대칭성으로 인해 쌍둥이 형제의 나이가 달라졌으며, 이로써 쌍둥이역설 문제는 완전히 해결되었다. 운동의 비대칭성이 곧 시간지연의 비대칭으로 나타난 것이다. 몇 해 전에 미국항공우주국 나사에서는 실제로 쌍둥이 실험을 한 적이 있다. 한 사람은 지구에 그리고 다른 한 사람은 우주정거장에서 생활하면서 서로 다른 환경이 인체에 어떤 영향을 미치는지 그리고 인체에도 실제로 시간지연효과가 작동하는지 등을 조사하기 위한 실험이었다. 이렇게 시간의 상대성은 현실이 되었다. 우주를 이루고 있는 모든 존재들은 아마도 미미하게나마 서로 다른 운동 상태에 있어 자신의 시간으로 자신을 제외한 나머지 우주 전체를 바라보고 있을 것이다. 푸른 지구에 살고 있는 우리가 우리만의 시간으로 전 우주를 바라보고 있듯이! 그래서 푸른 하늘과 저 깊은 암흑의 우주공간은 서로에 대한 상대속도에 따라 시간의 흐름이 각양각색인 시계들로 꽉 차 있을 것이다.

54

시공간도표로 본 길이수축효과

정지 기준틀을 K 그리고 K에 대해 일정한 속도로 운동하는 기준
틀을 K'라고 하자. 그리고 두 기준틀에 있는 관측자들은 같은 크기
의 막대를 가지고 있다. 막대의 길이는 두 사람 모두 정지 상태에
서 측정한 것이다. K에 대해 일정한 속도로 운동하는 우주선에 놓
여 있는 막대의 세계선을 시공간도표 상에 나타내면 그림과 같이
기울어진 형태가 된다. 막대는 우주선과 함께 운동하기 때문에 K'
기준틀의 공간 축 위에 놓이게 된다. K' 관점에서 K에 놓여 있는
막대를 보면 마찬가지로 K 기준틀의 공간 축 위에 놓이게 된다. 여
기서 한 가지 중요한 점은 막대의 길이를 측정할 때는 반드시 양
끝을 동시에 측정해야 한다는 것이다. 예를 들어 기차의 길이를 측
정할 때 기차 앞부분은 서울역을 기준으로 측정하고 기차의 끝부분
을 부산역을 통과할 때 측정한다면 기차의 길이가 엉망이 될 것이
다. 서로 다른 시점에 막대의 양 쪽 끝을 측정하면 이런 문제가 발
생하게 된다. 따라서 길이는 항상 같은 시점, 즉 동시에 측정해야
되기 때문에 시공간도표 상에서는 항상 동시선 상에 놓이게 된다.

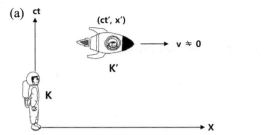
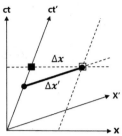

단, 동시선은 언제나 공간 축과 나란하다.

먼저 그림 (a)의 시공간도표를 한 번 살펴보자. 이 경우는 K 기준틀에 대해 우주선이 오른쪽으로 운동하는 경우다. 그래서 우주선 속에 놓여 있는 막대는 오른쪽으로 기울어진 모양으로 그려진다. 우주선 속에 있는 막대는 K' 기준틀의 x' 축 위에 직선 $\triangle x$'로 표시된 부분이다. 이때 K 기준틀에서 측정한 막대의 길이는 $\triangle x$가 되고, 실제 우주선에서 측정한 막대의 길이는 $\triangle x$'이 된다. 따라서 K 기준틀에서 우주선에 있는 막대를 보면 $\triangle x$로 수축되어 보이고, 그 크기는 $\triangle x = \sqrt{1-(v/c)^2}\,(\triangle x')$가 된다. 즉, 시공간도표를 통해 $\triangle x < \triangle x'$라는 것을 쉽게 확인할 수 있다. 이번에는 우주선 안에서 바깥을 보는 상황에 대해 알아보자. 상대운동의 대칭성을 고려하면 우주선에서 볼 때는 K 기준틀이 운동하기 때문에 K 기준틀에 있는 막대의 길이가 수축되어 보일 것이라고 예상할 수 있다. 그림 (b)는 이 상황을 잘 보여주는 시공간도표이다.

운동의 대칭성에 따라 이번에는 $\triangle x$가 $\triangle x$' 보다 크다는 것을 알 수 있다. 이것은 (a)와 마찬가지로 (b)의 경우에도 상대운동 하는 쪽의 막대가 수축되어 보인다는 것을 의미한다. 이렇게 길이수

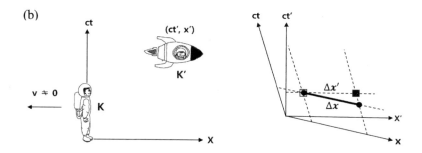

축도 시간지연효과와 마찬가지로 관측자에 대해 상대운동 하는 기준틀에서만 일어난다. 서로에 대해 상대운동 하는 두 관측자의 상황을 시공간도표로 한꺼번에 나타내 보자. 우리도 가만히 서서 이 상황을 지켜보고 있다. 이 경우 우리의 좌표는 (ct, x) 그리고 두 관측자의 좌표를 K'(ct', x'), K"$(ct", x")$라고 하자. 둘은 우리에 대해 서로 반대방향으로 운동하고 있다.

그림 (c)는 K' 기준틀을 K" 기준틀에서 본 상황을 그리고 (d)는 K" 기준틀을 K' 기준틀에서 본 상황을 각각 묘사하고 있다. (c)에서는 $\Delta x" < \Delta x'$ 그리고 (d)에서는 $\Delta x' < \Delta x"$로 두 관측자는 상대방의 길이가 언제나 수축되어 보인다는 결론에 도달한

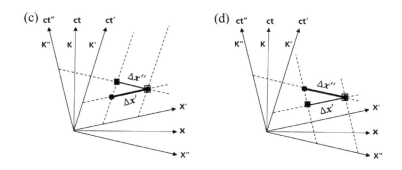

다. 시공간도표가 이를 잘 보여주고 있다.

길이는 운동과 무관하게 절대적인 물리량인줄 알았는데, 운동 상태에 따라 그 크기가 달라 질 수 있다는 사실에 또 한번 놀라게 된다. 이제 우리 우주에는 절대적인 길이의 잣대가 사라졌다. 길이의 실체 역시 상대적인 물리량으로 밝혀졌다. 시간과 마찬가지로 우리는 우리만의 길이 잣대로 우주 전체의 길이를 측정한다. 마찬가지로 우리를 제외한 나머지 우주는 그들의 잣대로 우리를 재단한다. 이렇게 우주는 절대공간을 버리고 상대운동에 따라 변하는 '상대공간'을 선택했다. 특수상대성이론은 또 한 번 광속의 불변성을 위해 우리 우주에서 '공간의 절대성'이라는 견고한 갑옷을 저 멀리 던져버렸다.

55

쌍둥이역설과 길이수축효과

길이수축효과와 쌍둥이역설 사이에는 어떤 관계가 있는지 한 번 알아보자. 여기서도 쌍둥이의 나이는 20세라고 하자. 역시 지구로부터 10광년 떨어져 있는 별을 향해 쌍둥이 중 한 사람이 우주여행을 시작한다. 우주선의 속도는 광속의 50 %인 0.5c이다. 먼저 길이수축효과를 고려해 보자. 지구에 있는 사람이 볼 때는 우주선이 운동하기 때문에 우주선의 길이가 수축되어 보일 것이다. 그리고 지구에서 볼 때 우주선이 별까지 가는데 20년 그리고 다시 지구로 돌아오는데 20년이 걸리기 때문에 지구에서 본 전체 여행시간은 40년이 된다. 쌍둥이 중 한 사람이 우주여행을 마치고 지구로 돌아왔을 때 지구에 남아 있던 쌍둥이의 나이는 60세가 되어 있을 것이다. 우주선에서 이 상황을 보면 어떨까? 우주선에 타고 있는 사람은 자신의 우주선을 제외한 우주 전체가 자기와 반대방향으로 운동하기 때문에 우주선에서 밖을 보면 지구와 별사이의 거리가 수축되어 보인다. 광속의 절반인 상대속도를 고려하면 지구에서 별까지 거리가 $10/1.15 = 8.66$광년으로 줄어든다.

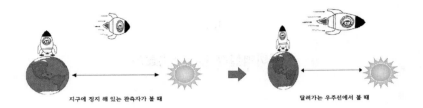

지구에 정지 해 있는 관측자가 볼 때   달려가는 우주선에서 볼 때

　우주선에 타고 있는 쌍둥이 입장에선 줄어든 별 사이의 거리 때문에 별까지 여행하는 시간도 그 만큼 줄어들 것이다. 이런 이유 때문에 지구에서 볼 때는 우주선이 10광년을 여행한 것처럼 보이지만 실제로 우주선은 8.66광년을 여행한 것이 된다. 따라서 우주선에 타고 있는 쌍둥이가 별까지 가는데 걸리는 시간은 8.66광년/0.5c = 17.3광년으로 전체 왕복시간이 34.6광년이 된다. 결국 여행을 마치고 지구에 돌아왔을 때 이 사람의 나이는 54.6세가 된다. 이 결과는 지구에 남아 있는 관측자가 시간지연효과만을 고려하여 얻은 결과와 정확하게 일치한다. 길이수축효과와 시간지연효과가 이렇게 얽힐 수 있다는 것을 잘 보여주는 예라고 할 수 있다. 이처럼 관측자가 어떻게 운동하느냐에 따라 각자 나름의 상대론적 효과를 느끼게 된다. 특수상대성이론이 지배하는 우주에서는 그것이 곧 상식이 된다.

56

길이수축효과와 새로운 입자의 발견

뮤온 (μ)은 전자와 같은 소립자들 중의 하나인데, 질량은 전자보다 훨씬 크다. 뮤온의 수명은 2.2 마이크로초(10^{-6}초)로 우리 세계에서는 매우 불안정한 입자다. 태양이나 우주로부터 에너지가 아주 큰 소립자들이 지구 대기권을 향해 끊임없이 쏟아져 들어오고 있다. 이런 고에너지 입자들이 지구대기를 이루고 있는 기체분자나 원자들과 충돌하게 되면 그 결과로 무수히 많은 다양한 입자들이 생성된다. 뮤온도 이렇게 해서 생성된 입자들 중의 하나다. 뮤온은 지상으로부터 약 10 km 정도 높이에서 생성되며, 거의 광속에 가까운 속도(0.999c)로 비행한다. 뮤온이 이 속도로 자신의 수명동안 달려갈 수 있는 최대거리는 '속도×시간(수명)'으로 계산해 보면 약 659 m 정도로 1 km에도 못 미친다. 그런데 10 km 상공에서 생성된 뮤온이 지상에서 관측된다. 어떻게 이런 일이 가능할까? 뮤온의 속도가 빠르긴 하지만 짧은 수명 때문에 지상에 도달하는 것은 불가능한데도 말이다. 이것을 가능하게 하는 것은 무엇일까? 상식적으론 설명이 불가능한 현상이다. 하지만 우리에게는 특수상대성이론이 있다. 뮤온의 속도가 거의 광속에 가깝기 때문에 뮤온이 달려가면서 주위를 쳐다보면 길이는 수축되어 보이고 또 시간지연 때문에 모든 사건들이 슬로비디오를 보는 것처럼 느리게 보일 것이다. 먼저 시간지연효과로 이 현상을 한 번 이해해 보자. 지상에 있는 우리들에 대해 상대적으로 운동하는 뮤온의 수명은 시간지연효과 때문에 22.37 마이크로초만큼 늘어난다. 이렇게 늘어난 시간을 고려하면 지상에서 볼 때 뮤온이 도달할 수 있는 최대거리는 약 6.7 km로 늘어나게 된다. 이번에는 뮤온 입장에서 한 번 살펴보자. 뮤온 관점에서는 자신은 가만히 있고 지면이 자기 쪽을 향해 거의 광속으로 달려오는 것을 보게 된다. 결국 뮤온은 길이수축효과로 자신과 지구 사이의 거리가 줄어든 만큼만 이동하면 된다. 뮤온 자신과 지면 사이의 거리가 줄어들었기 때문에 짧은 수명에도 불구하고 더 많이 거리를 이동할 수 있게 된다.

이와 같이 뮤온은 상대론적 효과 때문에 훨씬 먼 거리를 이동할 수 있게 되었다. 뮤온이 지상에서 관측되기 위해서는 한 가지 더 고려되어야할 조건이 있다. 여기서는 상세하게 다루지 않겠지만 그것은 뮤온이 지상에 도달할 때까지 다른 입자로 붕괴하지 않을 조건이다. 이 문제는 뮤온의 붕괴확률과 관련이 있으며, 실제로 다른 입자로 붕괴하지 않고 살아남을 생존확률이 작긴 하지만 0이 아니

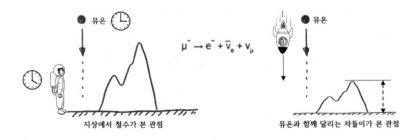

$$\mu^- \rightarrow e^- + \bar{v}_e + v_\mu$$

지상에서 철수가 본 관점

뮤온과 함께 달리는 차돌이가 본 관점

라는 사실이 밝혀져 있다. 상대론적 효과와 붕괴확률을 고려하면 10 km 상공에서 생성된 뮤온이 지상에 도달할 수 있는 명백한 이유가 된다. 특수상대성이론의 아름다움이 또 한 번 빛을 발하고 있다.

시공간도표로 본 토끼와 거북의 경주, 하나

우리가 잘 알고 있는 토끼와 거북의 경주 이야기를 시공간도표로 한 번 해석해 보자. 토끼와 거북 그리고 심판이 같은 출발선 상에 서 있다. 휘슬을 불면 토끼와 거북은 같은 속도로 서로 반대쪽을 향해 달려간다. 이때 출발선에서 결승선까지의 거리는 같다고 하자. 심판은 출발선 상에서 둘이 경주하는 모습을 지켜보고 있다. 심판은 토끼와 거북이 동시에 결승선을 통과하는 것을 볼 것이다. 심판의 관점에서 이 상황을 시공간도표로 그려보면 다음과 같다. 여기서 심판의 시공간좌표를 ct, x 그리고 토끼와 거북의 시공간 좌표를 각각 ct_R, x_R와 ct_T, x_T라고 하자. 토끼와 거북의 시공간좌표는 심판에 대한 상대운동의 방향이 다르기 때문에 그림과 같이 서로 다른 모양으로 그려진다.

심판 관점에서는 토끼와 거북이 동시에 결승선을 통과하기 때문에 토끼와 거북의 도착시점은 같은 동시선 상에 놓일 것이다. 시공간도표에서 심판의 동시선을 보면 이것을 확인할 수 있다.

이번에는 토끼와 거북의 관점에서 결승선에 도착하는 시점을 한

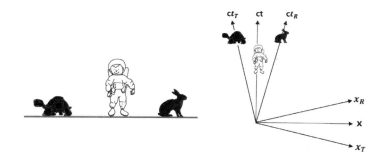

번 비교해 보자. 토끼의 시공간도표에서 토끼 자신이 결승선에 도착한 시점에 대한 동시선을 그려보자. 토끼 기준틀의 시간 축에 점선으로 표시되어 있는 동시선을 따라가 보면 거북은 아직 결승선에 도착하지 않았다는 것을 알 수 있다. 마찬가지로 거북의 기준틀에서 자신이 결승선에 도착한 시점에 대한 동시선을 그려보면 토끼역시 아직 결승선에 도착하지 않았다. 따라서 이 경주에 대한 심판, 토기 그리고 거북의 주장이 서로 다른데, 이 상황을 다시 한 번 정리해 보자.

① 심판의 시공간도표에서 토끼와 거북이가 결승선을 통과한 시

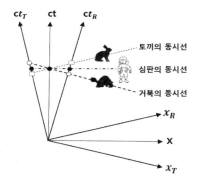

점들이 심판이 목격한 시점의 동시선 상에 놓여 있기 때문에 심판은 토끼와 거북이가 동시에 결승선을 통과했다고 결론을 내린다. 그래서 심판은 무승부를 선언한다.

② 토끼의 관점에서는 토끼가 결승선에 도착한 시점의 동시선(점선)이 거북의 시간 축과 만나는 점을 보면 거북은 아직 결승선에 도착하지 않았기 때문에 토끼는 자신이 거북이보다 먼저 결승선을 통과했다고 결론짓는다. 그래서 토끼는 자신이 승리했다고 선언한다.

③ 거북 관점에서는 자신이 결승선에 도착한 시점의 동시선(점선)을 통해 토끼보다 자신이 먼저 결승선을 통과했다고 생각한다. 거북이는 자신이 우승자라고 선언한다.

결과를 종합해 보면, 심판은 토끼와 거북이가 동시에 결승선을 통과했다고 주장하고, 토끼와 거북이는 자신이 상대방보다 먼저 결승선에 도착했다고 주장한다. 그럼 이 경기에서 진정한 우승자는 누구란 말인가? 상식적이지 않은 이런 결과를 어떻게 받아들여야 할까? 이렇게 하나의 사건에 대해 서로 다른 결과를 얻는다면 우리는 어디에 기준을 두고 이 상황을 판단해야 하는가? 여기가 상대성 이론이 지배하는 이상한 나라라고 생각하면 의외로 답은 쉽다. 바로 동시성의 상대성이다. 즉, 심판, 토끼 그리고 거북이 각자가 본 것이 이 경기의 정답이다. 우리는 또 이렇게 이야기 할 수 있다. 심판 관점으로 이 경기의 결과를 판단합시다. 이렇게 관점, 즉 기준이 정의될 때만 결과에 대해 이야기 할 수 있다. 토끼와 거북의 경주를 통해 동시성이 어떻게 깨지고 또 동시성이 어떻게 관측자의 상태에 따라 달라지는지 또 한 번 확인할 수 있다.

58

시공간도표로 본 토끼와 거북의 경주, 둘

이번에는 토끼와 거북이 같은 방향으로 달려가는 경우를 시공간도표로 해석해 보자. 단, 거북의 결승선은 토끼의 절반 거리에 있고, 토끼는 거북이보다 두 배 빨리 달린다고 하자. 심판은 이전과 마찬가지로 출발선에 서 있다. 휘슬이 울리고 토끼와 거북은 한참을 달려 각자의 결승선을 통과했다. 이번에도 심판은 토끼와 거북이 동시에 결승선을 통과하는 것을 목격했다. 토끼가 더 빠르기 때문에 시간 축의 기울기도 더 크다. 속도가 클수록 기울기가 45도인 빛의 세계선에 가까워진다. 그래서 거북의 시간 축에 비해 토끼의 시간 축이 더 큰 기울기로 그려져 있다.

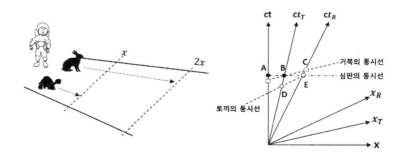

그리고 각자의 기준틀에서 동시선은 공간 축과 나란한 직선으로 그려진다. 이 경주에 대한 결과를 각자의 관점에서 한 번 그려보자. 각 상황을 시공간도표 위에 한 번 표시해 보면 다음과 같다.

이 경주에 대한 상황을 다음 물음을 통해 한 번 알아보자.

① 심판이 볼 때 토끼가 결승선을 통과하는 시점은 어디인가? E
② 심판이 볼 때 거북이가 결승선을 통과하는 시점은 어디인가? B
③ 토끼가 볼 때 자신이 결승선을 지날 때 거북은 어디에 있는가? D
④ 거북이가 볼 때 자신이 결승선을 지날 때 토끼는 어디에 있는가? C
⑤ 토끼와 거북이가 각자의 관점에서 본 경기의 결과는 심판이 본 결과와 같은가? 다르다.

시공간도표 위의 사건을 다시 한 번 정리해 보자. 토끼 관점에서는 자신이 E에 도착했을 때 거북은 여전히 D에 있고, 거북이 관점에서는 자신이 B에 도착할 때 토끼는 이미 C에 있는 것을 보게 된다. 결국 토끼나 거북 모두는 토끼가 우승했다고 인정한다. 하지만 심판은 무승부라고 주장한다. 이 경우에도 누구의 관점으로 경기를 보느냐에 따라 결과가 달라지는 것을 알 수 있다. 이렇게 시간이 춤을 추는 세계에서는 사전에 반드시 기준에 대한 약속이 필요하다. 언제나 상대를 생각하면서 모든 것을 판단해야 된다. 절대가 없는 상대적 세계에서는 모든 것이 그렇다.

59

시공간도표로 본 기차와 터널의 역설

동시성의 상대성과 관련된 아주 이상야릇한 사건들이 많이 있다. 그 중에서도 특히 상식적으로 이해가 잘 되지 않는 현상이 하나 있는데, 바로 '기차와 터널의 역설'이다. 잘 알다시피 역설은 어딘지 모르게 모순을 가진듯하면서도 실제로는 아무런 문제가 없을 때 사용하는 용어이다. 기차와 터널의 상황을 역설적이라고 부르는 이유도 그런 의미 때문이다. 기차와 터널의 역설을 간단히 설명하면 이렇다. 터널과 길이가 같은 기차가 한 순간 터널 속에 들어갈 수 있는가에 대한 문제이다. 터널의 입구와 출구에는 자동문이 있어 기차의 앞부분이 출구 쪽에 다다르는 순간 기차의 뒷부분이 입구에 들어서며 입구와 출구의 문이 동시에 닫힌 다음 순간 열리면서 기차는 터널을 통과하게 된다. 이렇게 되면 기차를 한 순간 터널에 가두는 것이 가능해진다. 상식적으로 여기에는 아무런 문제가 없다. 왜냐하면 우리세계에서는 언제나 동시성이 성립하기 때문에 기차를 터널에 한 순간 가두는 일은 식은 죽 먹기다. 그리고 상대성이론이 지배하는 이상한 나라에서도 터널에 서 있는 관측자에게 이 상황은 아무런 문제가 되지 않는다. 터널에 서 있는 관측자는 자신을 향해 달려오는 기차의 길이가 길이수축효과 때문에 짧아져 보인다. 따라서 터널보다 길이가 짧아진 기차를 한 순간 터널 속에 가두는 일은 역시 너무나 쉬운 일이다. 여기까지는 아무런 문제가 없다. 굳이 역설적이라고 할 만한 것은 전혀 없다. 문제는 기차에 타고 있는 사람의 입장이다. 이 사람은 터널이 자신을 향해 달려오는 것을 보게 된다. 당연히 이번에는 터널의 길이가 짧아진다. 기차보다 길이가 짧은 터널 속에 기차를 한 순간 가두어야 한다. 여기서 기차와 터널의 역설이 시작된다. 하지만 터널에 있는 사람은 기차가 아무런 문제없이 터널에 갇혔다가 순조롭게 통과한 것을 이미 확인했다. 기차가 문제없이 순조롭게 통과한 사건은 분명한 물리적 결과다. 상대성원리에 따르면 누구에게나 물리적결과는 같아야 되고, 따라서 이 역설은 아무런 문제없이 해결되어야만 한다. 이 역설적 상황을 시공간도표를 이용해서 한 번 확인해 보자. 터널과 기차의 시공간좌표를 ct, x와 ct', x'라 하자.

터널에 있는 관측자는 터널을 향해 달려오는 기차의 길이가 E-G 만큼 짧아진 것을 보게 된다. 이 경우 기차의 앞부분이 터널을 빠져 나오는 시점은 D, 그리고 기차의 뒷부분이 터널에 들어오는 시점은 A 이다. 따라서 터널에 서 있는 관측자는 기차의 전체

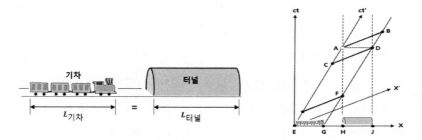

부분이 한 시점, 즉 동시에 터널 안에 놓여 있는 것을 보게 된다. 시공간도표 상에서 D와 A가 같은 동시선 상에 있다는 사실이 이 것을 증명하고 있다. 이번에는 기차에서 본 상황을 살펴보자. 기차 에 타고 있는 관측자 입장에서는 터널이 자신을 향해 달려오기 때 문에 터널의 길이가 수축되어 보일 것이다. 기차의 시공간도표를 보면 기차의 앞부분이 터널을 빠져나오려는 시점 D에서 기차의 뒷 부분은 D와 동시선 상에 있는 시점 C에 있기 때문에 아직 터널에 진입하지 않았다는 것을 알 수 있다. 기차 기준틀의 동시선을 살펴 보면 D와 C가 동시적 사건이고 A와 B가 동시적 사건이라는 것을 알 수 있고, 그래서 기차의 앞부분이 터널의 오른쪽 끝인 D를 빠져 나올 때 기차의 뒷부분은 여전히 터널 밖인 C에 있게 된다. 그리고 기차의 뒷부분이 A에서 터널 입구에 진입할 때 기차의 앞부분은 이미 터널을 빠져나가 B에 있게 된다. 이렇게 기차를 타고 가는 관 측자는 터널의 길이가 짧아졌기 때문에 기차의 일부분만이 터널에 들어갈 수 있다고 생각한다. 하지만 터널에 서 있는 관측자는 짧아 진 기차의 길이 때문에 기차는 온전히 터널에 들어갈 수 있다고 생 각한다. 이것이 바로 '기차와 터널의 역설'이다. 이 역설을 좀 더 세부적으로 풀어 해석해 보자. 두 관측자가 본 상황을 다시 한 번 정리해 보면 이렇다. 터널에 있는 관측자는 기차의 앞부분이 터널 의 출구에 도착할 때 기차의 뒷부분도 이미 터널 속에 있기 때문에 터널의 양쪽 문이 모두 작동하면서 기차전체가 터널 안에 있는 것 을 보게 된다. 하지만 기차에 타고 있는 관측자는 짧아진 터널의 길이 때문에 터널에 있는 관측자와는 전혀 다른 상황을 맞이하게 된다. 기차의 앞부분이 터널의 출구를 통과하는 순간 기차의 뒷부분은 아직 터널에 진입하지 않은 상태다. 기차에 타고 있는 관측자가 보게 되는 상황을 순차적으로 그려보면 이렇다. 터널의 입구 쪽 문이 열리고 기차의 앞부분이 터널 속을 진행하여 터널의 출구에 도달하는 순간 출구 쪽 문이 닫히자마자 다시 열리면서 기차의 앞부분이 터널을 빠져나간다. 그런 다음 기차의 뒷부분이 터널 입구를 통과하면 입구 쪽 문이 닫히고, 출구를 통과하면 출구 쪽 문도 닫히게 된다. 두 관측자가 경험하게 되는 상황은 다르지만 기차가 터널을 무사히 통과하는 사건은 두 관측자 모두에게는 똑같은 물리적 현상이다. 서로 다른 관점, 서로 다른 기준틀에도 불구하고 모든 현상들이 절대적으로 같아보여야 된다는 우리들의 상식을 이제는 그만 버려야 되겠다. 우리는 절대적인 그 무엇을 원하지만 우주 그 자체는 상대성을 더 좋아하는 것 같다. 사건은 하나이지만 보게 되는 상황은 관측자의 수만큼이나 많다. 지금까지 민코프스키의 시공간도표를 이용하여 다양한 상대론적 현상들을 살펴봤다. 시공간에서 일어나는 사건들을 눈으로 직접 확인할 수 있다는 것 자체만으로도 시공간도표가 상대성이론을 이해하는데 얼마나 유용한가를 알 수 있었다. 이제 특수상대성이론이 지배하는 세계에서 한 발 더 나아가 힘이 작용하는 세계로 여행을 떠나보자. 특수한 세계에서 일반적인 세계로!

4부

일반상대성이론

60

특수상대성이론에서 일반상대성이론으로

물리학하면 떠오르는 학자가 있다. 바로 뉴턴이다. 아인슈타인 이전에 힘과 관련된 현상들을 설명하는 역학체계와 천체의 운동을 설명하는 중력법칙을 이론적으로 완성한 최초의 학자다. 아인슈타인은 뉴턴을 일컬어 다시 볼 수 없는 천재성을 가진 학자라고 칭송했다. 뉴턴의 운동법칙 중 제1법칙으로 '관성의 법칙'이 있다. 어떤 물체의 운동 상태가 계속 유지되는 성질을 '관성'이라고 하며 외부로부터 아무런 힘을 받지 않을 때 관성이 유지된다. 이것은 곧 힘을 받지 않는 물체나 물리계는 정지 상태나 등속운동상태를 유지한다는 것을 의미한다. 힘을 받지 않으면 가속도가 0이 되기 때문에 어떤 물체든지 자신의 운동 상태를 유지할 수 있다. 이렇게 힘과 관성 사이의 관계를 정의한 법칙이 바로 관성의 법칙이다. 관성이 유지되는 기준틀, 즉 힘의 영향을 전혀 받지 않기 때문에 항상 관성이 유지되는 그런 기준틀을 '관성기준틀'이라 하며, 여기에는 정지 기준틀과 등속운동 기준틀 두 가지가 있다. 비행기가 날아가는 것을 본다던지 우주선을 본다던지 행성이나 별을 본다고 할 때 우리는 항상 가만히 서서 자연현상들을 관측한다. 이런 관점으로 세

상을 바라보면서 힘과 관련된 운동법칙을 찾아낸 것이 뉴턴의 운동
법칙이다. 즉, 뉴턴의 운동법칙은 관성기준틀에서 볼 때 만족하는
법칙이다. 아인슈타인의 특수상대성이론 역시 관성기준틀에서 볼
때 만족하는 이론체계이다. 두 이론체계의 차이라면 뉴턴은 절대공
간과 절대시간의 틀로 아인슈타인은 상대론적 시공간의 틀로 자연
을 해석했다는 것이다. 그런데 특수상대성이론은 가속운동을 포함
하지 않기 때문에 뉴턴 역학체계의 일부만을 다뤘다는 한계를 안고
있었다. 이것이 아인슈타인의 또 다른 고민이었다. 가속운동을 포함
하는 상대성이론을 찾는 것! 특수상대성이론의 '특수'를 가속운동을
포함하는 '일반'으로 확장하는 것이 아인슈타인이 또다시 해결해야
될 숙제였다. 이를 위해 아인슈타인이 첫 번째 시도한 것은 특수상
대성이론의 두 가지 기본 가설을 가속운동에 대해 적용해 보는 것
이었다. 즉, 상대성원리와 광속불변원리가 가속운동 하는 기준틀에
서도 그대로 작동하는지 확인하는 것이었다.

정지   등속운동   가속운동

아인슈타인의 두 가지 고민은 이렇다.

① 상대성원리는 관성기준틀에 있는 관측자들에게 모든 물리법
   칙이 똑같이 만족되는 원리인데, 이 원리가 가속운동 하는
   기준틀에서도 똑같이 적용될 수 있을까?
② 광속불변원리는 진공에서 빛의 속도가 관측자의 운동 상태와

무관하게 항상 c로 일정하다는 원리로 역시 가속운동 하는 기준틀에서도 이 원리가 그대로 적용될 수 있을까?

이 물음에 대한 답을 제시한 이론이 바로 일반상대성이론이다. 아인슈타인이 특수에서 일반으로의 확장을 어떻게 완성했는지 그 과정을 지금부터 하나씩 풀어가 보자.

61

일반상대성이론의 불씨, 아인슈타인의 위대한 발견

아인슈타인의 위대한 발견! 그것은 '자유낙하하면 중력이 사라지면서 무중력상태가 된다.'는 것이다. 아인슈타인은 이 생각을 떠 올렸을 당시를 '생의 가장 행복했던 순간'이라고 회상했다. 가끔 영화 속에서나 무중력상태를 묘사하는 장면을 볼 수 있는데, 예를 들어 우주선 속에서 둥둥 떠다니는 우주인이나 줄이 끊어져 자유낙하 하는 엘리베이터 속을 사람들이 이리저리 떠다니는 장면들이 그것이다. 그리고 우주인들이 우주 환경에 익숙해지기 위해 인공적으로 만든 무중력상태를 경험하게 되는데, 이것 역시 항공기의 자유낙하를 이용한다. 그런데 자유낙하 하면 가속도 때문에 속도가 점점 빨라지기만 할 텐데 어떻게 중력이 사라지는 걸까? 중력이 작용하는 방향으로 가속되는데 어떻게 중력이 사라진단 말인가? 아인슈타인이 그렇게 경이롭게 생각했던 것이 바로 이 문제 때문이다. 중력이 작용하는 방향으로 달려가고 있는데 중력이 사라진다는 사실! 그 이유는 이미 뉴턴 운동법칙으로 잘 알려져 있는 관성력이라는 겉보기 힘 때문이다. 이 힘은 정지하고 있던 버스가 갑자기 출발할 때 손잡이를 뒤로 흔들리게 하는 힘과 같은 힘으로 항상 가속도 방향과 반대반향으로 생기는데, 이런 겉보기 힘을 '관성력'이라고 한다. '관성력'은 항상 외부에서 작용하는 힘과 반대방향으로 작용하며 힘의 크기는 가속운동 하는 물체의 질량과 가속도의 곱과 같다. 따라서 자유낙하 할 때 중력이 사라지는 이유는 중력과 크기는 같고 방향이 반대인 이와 같은 관성력이 중력을 상쇄시키기 때문이다. 자유낙하와 무중력이 아인슈타인을 들뜨게 한 이유는 다름 아닌 가속운동을 하는데도 힘이 0이 될 수 있다는 사실이다. 즉, 자유낙하 하는 물체에 작용하는 알짜 힘이 0이 되면 자유낙하 상태에 있는 계를 관성기준틀로 취급할 수 있다는 것이다. 그러면 특수상대성이론의 첫 번째 가설인 '상대성원리'를 자유낙하 하는 기준틀에 고스란히 적용할 수 있다. 아인슈타인이 스스로에게 놀란 이유가 바로 이것이다. 자유낙하운동은 중력의 영향으로 가속운동 하는 것이 분명한데도 힘이 0인 관성기준틀로 취급할 수 있다는 것이다. 따라서 지구 중심을 향해 자유낙하 하는 관측자는 모두 관성기준틀에 있다고 할 수 있다. 이렇게 아인슈타인은 중력이 작용하는 공간에서도 힘이 0인 관성기준틀로 다룰 수 있는 한 가지 방법을 발견한 것이었다. 무중력상태! 자유낙하 할 때 무중력상태가 된다는 사실을 확

인해 볼 수 있는 간단한 방법이 있는데, 그림처럼 물줄기가 떨어지는 물병을 자유낙하 시키면 된다. 물병을 떨어뜨리면 아래로 흘러내리던 물줄기가 갑자기 사라지는 것을 볼 수 있다. 힘이 작용하지 않는 다는 증거다.

62

뉴턴의 중력법칙에 대한 아인슈타인의 고민

뉴턴이 발견한 만유인력법칙은 질량을 가진 두 물체 사이에 작용하는 중력을 정의한 것이다. 즉, 질량을 가진 두 물체 사이에 작용하는 중력의 세기는 두 질량의 곱에 비례하고 두 물체 사이의 거리제곱에 반비례하며 오직 두 물체 사이에는 서로를 끌어당기는 힘만 작용한다. 하지만 뉴턴의 중력법칙은 힘에 대한 정보는 제공하지만 멀리 떨어져 있는 물체들 사이에 중력이 어떻게 전달되는지에 대해서는 아무런 정보를 주지 않는다. 다만 뉴턴은 원격작용 또는 원거리작용을 통해 힘이 서로에게 순간적으로 전달된다고 주장했다. 원거리작용이란 두 물체가 아무리 멀리 떨어져 있어도 한 순간에 힘이 전달되는 작용이다. 거리에 관계없이 한 순간에 힘이 전달된다면 힘의 전달속도가 거의 무한대가 되기 때문에 이것은 분명 특수상대성이론의 광속불변원리를 위배하는 것이 된다. 아인슈타인은 뉴턴의 이러한 주장에 대해 심기가 몹시 불편했다. 왜냐하면 광속은 우주의 최고속도인데, 광속보다 훨씬 빠른 원격작용에 의해 중력이 전달된다고 하니 아인슈타인은 도무지 받아들일 수가 없었던 것이다. 또 한 가지 뉴턴은 질량이 중력의 근원이라고 했는데 아인슈타인은 이것도 쉽게 받아들일 수 없었다. 아인슈타인은 질량이 무엇인지, 또 질량이 어떻게 중력이라는 힘을 만드는지에 대해서도 끊임없이 의문을 제기했다. 중력에 대한 이런 근본적인 문제들이 아인슈타인의 관심을 중력으로 향하게 했다. 이제 무대는 중력이 작용하는 시공간으로 옮겨졌다.

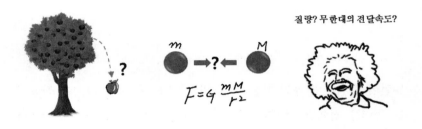

63

질량에 대한 아인슈타인의 고민

뉴턴역학에는 두 종류의 질량이 등장한다. 하나는 운동 제2법칙인 '힘과 가속도 법칙'에 그리고 다른 하나는 '만유인력법칙' 속에 있다. 힘과 가속도 법칙에도 'm'이라는 문자가 등장하고, 만유인력이라고 하는 중력에도 'm'이라는 문자가 등장한다. 여기서 'm'이 바로 질량을 나타낸다.

두 법칙 속에 등장하는 질량이 물리적으로 동일한 성질을 가지는지 아니면 어떤 다른 차이가 있는지 지금부터 한번 알아보자. 만유인력에 등장하는 질량은 서로를 끌어당기는 성질을 가지고 있고, 이와 달리 운동법칙에 나오는 질량은 자신의 상태를 유지하려는 관성과 관계가 있어 가속도에 반하는 성질을 가진다. 이런 특성 때문에 만유인력법칙 속에 등장하는 질량을 '중력질량'이라 하고, 운

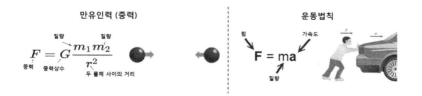

동법칙 속에 등장하는 질량을 '관성질량'이라고 한다. 뉴턴은 이 두 종류의 질량을 구분하지 않고 동일한 물리량으로 취급하여 가속운동이나 행성의 운동 그리고 중력과 관련된 문제들을 다루었다. 두 질량은 분명 서로 다른 특성을 가진 것 같은데, 그래서 물리적으로도 완전히 다르게 취급해야 될 것 같은데 뉴턴은 두 질량을 구분하지 않고 사용했다. 왜냐하면 두 질량을 구분하지 않고 사용해도 물리적 현상들을 잘 설명할 수 있었기 때문이다. 하지만 아인슈타인은 두 질량이 같다고 할 수 있는 과학적 근거를 필요로 했다. 그래서 아무런 근거도 없이 '두 질량은 같다'라는 주장에 대해 강한 의문을 가지게 되었다. 관성질량은 가속도를 방해하는 특성이고 중력질량은 멀리 떨어져 있는 물체를 끌어당기는 특성이기 때문에 두 질량의 본질을 찾는 것이 아인슈타인에게는 그 무엇보다 중요한 문제였다. 질량의 본질에 대한 이러한 의문은 아인슈타인의 관심을 점점 중력으로 향하게 만들었다. 중력질량과 관성질량의 본질이 무엇인지 그리고 중력이라는 힘이 텅 빈 공간을 통해 어떻게 전달될 수 있는지? 아인슈타인은 턱을 괴고 다시 깊은 사색에 잠겼다.

64

관성질량

뉴턴역학에서 가장 중요한 식이 힘과 가속도 관계를 정의한 '$F = ma$' 이다. 힘(F)은 질량(m)과 가속도(a)의 곱으로 주어진다. 이 식에 나오는 질량이 바로 관성질량인데, $m = F/a$로 힘과 가속도의 비로 정의되는 물리량이다. 관성질량의 특성을 예를 들어 한번 살펴보자.

그림처럼 볼링공과 야구공을 크기가 같은 힘으로 밀면 어느 쪽 공의 가속도가 더 클까? 당연히 야구공의 가속도가 크다. 그런데 두 공 모두 같은 힘으로 밀었는데 왜 야구공의 가속도가 더 클까? 이처럼 힘이 같을 때 두 공의 가속도 차이를 결정하는 물체의 고유한 특성이 바로 질량이다. '관성의 법칙'을 다시 한번 떠올려보자.

관성은 어떤 물체가 자신의 운동 상태를 계속 유지하려는 성질

인데, 그래서 정지한 물체는 계속 정지 상태를 유지하고. 운동하던 물체는 계속 운동하게 된다. 따라서 관성이 크다는 말은 자신의 상태를 유지하려는 능률이 크다는 의미로 해석할 수 있는데 그래서 두 공의 가속도 차이를 관성의 차이로 이해할 수 있다. 즉, 볼링공의 가속도가 작은 이유는 야구공에 비해 자신의 운동 상태를 유지하려는 관성이 훨씬 크기 때문이며 반면에 야구공의 가속도가 큰 이유는 관성이 작아 운동 상태가 쉽게 변하기 때문이다. 관성의 차이 때문에 가속도에 차이가 생기고, 또 가속도는 질량에 따라 달라진다. 질량을 정의하는 식 $m = F/a$을 보면 질량은 가속도에 반비례하는 물리량으로 가속도가 클수록 질량이 작다는 것을 알 수 있다. 볼링공의 가속도가 작은 이유이기도 하다. 결국 질량이 크면 관성도 크다는 것을 알 수 있다. 따라서 질량을 '관성의 척도'로 볼 수 있고, 그래서 이런 질량을 '관성질량'이라고 부른다.

65

중력질량

우리가 보통 무게라고 하는 것은 물체에 작용하는 중력의 크기를 나타낸다. 따라서 무게저울 위에 올라서기만 하면 저울에 표시되는 값을 읽어 몸무게를 알 수 있다. 무게도 힘이기 때문에 질량과 가속도의 곱인 ma로 주어지는데, 이 경우 가속도는 지구의 중력 때문에 생기는 중력가속도, g가 된다. 그래서 무게(w)는 $w = mg$가 된다.

무게를 측정하는 상황을 한번 살펴보자. 몸무게를 잴 때는 저울 위에 가만히 서 있으면 되고 볼링공의 무게를 측정하기 위해서는 저울 위에 가만히 올려놓기만 하면 된다. 무게를 잴 때 가장 중요한 것은 움직이지 않고 저울위에 가만히 있는 것이다. 지구가 끌어

저울로 무게를 측정

무게 = 중력질량×중력가속도

중력질량 = 무게/중력가속도

지구

Mg　mg

당기는 중력에 모든 것을 맡기고 있으면 저울의 지침이 무게를 가리키게 되고, 그럼 저울눈금을 보고 무게를 읽기만 하면 된다. 이와 같이 전혀 움직이지 않고 중력만을 이용해서 얻게 되는 질량을 '중력질량'이라고 한다. 사람과 볼링공의 무게를 Mg와 mg라고 하면 사람과 볼링공의 중력질량은 각각 $M = W/g$와 $m = w/g$가 된다.

66

등가원리, 아인슈타인의 위대한 발견

앞 절에서 살펴 본 것처럼 관성질량은 가속운동을 통해서만 그 크기를 측정할 수 있고 또 중력질량은 가만히 있는 상태에서 물체에 작용하는 지구의 중력을 이용하여 측정할 수 있다. 이처럼 관성질량과 중력질량은 현상적으로 완전히 다른 것 같은데 아무런 구분 없이 같은 물리량으로 취급하는 것에 대해 아인슈타인은 늘 마뜩찮게 생각하고 있었다. 왜냐하면 두 질량을 같다고 할 만한 과학적 근거가 전혀 없었기 때문이다. 이 문제를 해결하기 위해 고민을 하던 중 아인슈타인은 일생일대의 발견을 하게 되는데, 그것이 다름 아닌 '등가원리' 이다. 이 발견은 일반상대성이론의 가장 중요한 뼈대인 동시에 일반상대성이론의 출발점이기도 하다. 등가원리는 관성질량과 중력질량이 물리적으로 같아서 절대 구분할 수 없다고 하는 원리이다. 지금부터 아인슈타인 스스로 가장 행복한 발견이라고 했던 등가원리를 한 번 알아보자. 중력이 작용하지 않는 우주공간에 두 대의 엘리베이터가 놓여 있다. 단, 엘리베이터 안에 있는 사람들은 같은 질량을 가지고 있고 또 밖을 볼 수 없다고 하자. 밖을

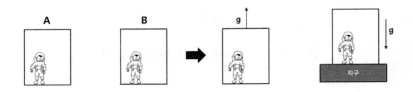

볼 수 없도록 제한하는 것은 외부의 상대운동에 의존하지 않고 순전히 자신을 가속시킨 원인이 무엇인지 판단하기 위해서이다. 그래야지 자신들의 절대운동의 원인이 무엇인지 결정할 수 있기 때문이다. 그리고 두 엘리베이터는 또 같은 힘으로 가속된다. 이제 두 엘리베이터를 가속시키면서 사고실험을 한번 해보자. 둘 중 한 대의 엘리베이터는 지구의 중력가속도와 같은 크기로 가속시킨다. 나머지 한 경우는 순간적으로 지구를 엘리베이터 아래에 갖다 놓는 것이다. 그러면 순간 지구가 끌어당기는 중력을 느끼게 된다. 이 상황에서 두 사람은 각자 자신의 몸무게를 측정한다고 하자.

먼저 우주공간에 떠 있는 엘리베이터 A를 중력가속도 크기의 가속도로 위를 향해 가속시킨다. 이 엘리베이터에 타고 있는 사람은 마치 버스가 출발할 때 몸이 뒤로 젖혀지는 것처럼 엘리베이터 아래에서 뭔가가 잡아당기는 힘을 느끼게 된다. 이것은 바로 가속도와 반대방향으로 작용하는 관성력 때문이다. 엘리베이터가 가속되는 순간 관성력이 작용하여 저울 위에 있는 사람을 아래로 끌어내리게 되고, 그 결과 저울의 지침이 움직이게 된다. 이때 저울의 지침이 가리키는 값이 바로 저울 위에 있는 사람의 몸무게가 된다. 이번에는 엘리베이터 B의 경우로 엘리베이터 아래에 지구를 가져다놓는다. 그러면 엘리베이터를 타고 있는 사람은 갑자기 지구의

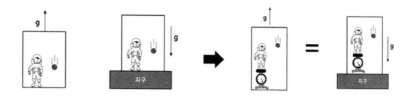

중력을 느끼게 되고 동시에 저울의 지침이 움직이면서 자신의 몸무게를 가리키는 것을 보게 된다. 이와 같이 한 사람은 가속운동을 통해 그리고 다른 한 사람은 중력에 의해 각자의 몸무게를 측정하게 된다.

이제 두 사람의 몸무게를 한 번 비교해 보자. 두 저울의 눈금은 과연 같을까 다를까? 결과는 '같다'이다. 몸무게는 질량과 가속도로 결정되는데, 두 사람의 질량이 같고 또 같은 가속도를 가지기 때문에 저울의 눈금은 당연히 같은 값을 가리키게 된다. 그리고 두 엘리베이터에서 자유낙하실험을 해도 결과는 똑 같은데, 쇠구슬을 가만히 놓으면 관측자들은 각자의 쇠구슬이 중력가속도 g로 자유낙하 하는 것을 보게 된다. 만약 같은 높이에서 떨어뜨리면 엘리베이터 바닥에 떨어지는 시간도 같을 것이다. 두 사람에게는 모두 같은 현상으로 관측된다. 두 사람은 상대방의 결과가 궁금해 전화통화를 시도한다. 각자 얻은 결과와 관측한 현상을 상대방에게 설명하는 순간 둘 사이에 아무런 차이가 없다는 것을 알게 된다. 결국 밖을 전혀 볼 수 없는 두 사람은 저울의 지침을 움직이게 한 원인이 가속운동 때문인지 아니면 중력 때문인지 절대로 구분할 수 없다는 결론에 도달하게 된다. 또는 자신들이 측정한 질량을 관성질량이라고 할 수도 있고 중력질량이라고 할 수 도 있을 것이다. 이것이 바로 '등가원리'다. 등가원리에는 '가속운동에 의한 효과와 중력에 의한 효과가 같아 둘은 절대 구분할 수 없다'는 물리적 의미가 들어 있다. 아인슈타인의 위대한 발견이 바로 이것이다.

{ **아인슈타인이 발견한 등가원리 속에 담긴 의미** }

중력효과와 가속도 때문에 나타나는 효과를 구분할 수 없다.

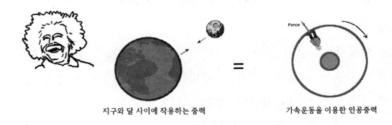

지구와 달 사이에 작용하는 중력   가속운동을 이용한 인공중력

67

등가원리의 증거, 빛의 휨

당구공이 부딪치는 것처럼 광자와 금속 표면에 있는 전자가 충돌하면 그 영향으로 전자가 튀어나오는데 이런 현상을 '광전효과'라 하고, 이때 방출되는 전자를 '광전자'라고 한다. 광자는 빛의 입자를 지칭하는 용어로 광전효과는 빛이 입자처럼 행동한다는 것을 증명하는 대표적인 현상이다. 만약 광자가 중력이 큰 별 주위를 지나가면 어떻게 될까? 비록 빛은 질량을 가지지 않지만 입자이기 때문에 어떤 영향을 받지 않을까? 아마 아인슈타인은 이런 생각을 했을지도 모르겠다. 비록 아인슈타인이 이런 생각을 하지 않았더라도 결과는 빛이 중력의 영향을 받는다는 것이다. 뉴턴의 만유인력법칙에 따르면 질량을 가지지 않는 빛이 중력의 영향을 받는다는 것은 절대 불가능하다. 하지만 아인슈타인은 등가원리에 따라 빛의 경로가 중력에 의해 휠 수 있다고 주장했다. 아인슈타인이 이 현상을 어떻게 설명하는지 그의 사고실험을 한번 따라가 보자. 먼저 중력이 작용하지 않는 텅 빈 우주공간에 가속운동을 하고 있는 한 엘리베이터가 있고, 이 엘리베이터의 왼쪽 창문을 통해 빛을 비춘다고 하자.

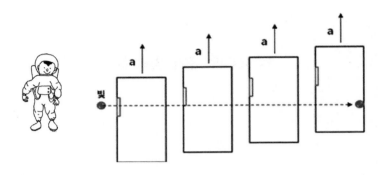

한 사람이 이 광경을 엘리베이터 밖에서 지켜보고 있다. 이 사람이 볼 때 빛의 경로는 어떤 모습일까? 엘리베이터 밖에서 정지한 채로 지켜보기 때문에 그림처럼 직진하는 빛을 보게 될 것이다. 이번에는 엘리베이터에 타고 있는 관측자 관점에서 한 번 살펴보자. 엘리베이터의 왼쪽 창을 통해 들어 온 빛은 또 어떤 경로를 따라갈까? 엘리베이터와 함께 가속운동 하는 관측자는 빛이 엘리베이터의 왼쪽 창문을 통해 들어와 엘리베이터의 오른쪽 벽에 도달하는 것을 볼 것이다. 빛은 일정한 속도를 가지고 직진하지만 가속되고 있는 엘리베이터는 속도가 점점 더 빨라진다. 그래서 엘리베이터 안에 있는 관측자는 빛의 경로가 점점 더 빠르게 아래로 떨어지는 것을 보게 된다. 마치 수평으로 던진 공이 중력 때문에 포물선운동을 하는 것처럼 빛도 휘어진 경로를 따라 오른쪽 벽에 도달하게 된다. 중력에 의한 효과와 가속운동에 의한 효과가 똑같아 서로 구분할 수 없다는 등가원리를 여기에 한 번 적용시켜 보자. 그럼 가속운동 하는 엘리베이터에서 빛의 경로가 휘는 것을 관측했다면 중력이 작용하는 곳에서도 똑같이 빛의 경로가 휘는 것을 관측할 수 있어야 된다.

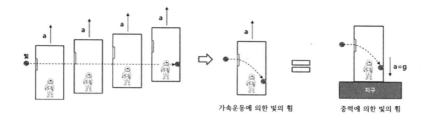

가속운동에 의한 빛의 휨   중력에 의한 빛의 휨

　무거운 별 주위를 지날 때 빛의 경로가 휘는 이유가 바로 이것
이다. 중력에 의해 빛이 휠 수 있다는 결과는 아인슈타인이 발견한
등가원리의 첫 승리인 동시에 중력과 빛의 본질에 대한 기존의 생
각을 송두리째 흔들어 놓은 혁명적 사건이었다.

68

중력렌즈효과

아인슈타인은 '빛의 전파에 대한 중력의 영향에 대하여'라는 1911년 논문에서 빛이 태양과 같은 무거운 별 주위를 지날 때 경로가 휘어질 수 있음을 처음으로 주장했다. 태양 주위를 지나 온 빛이 휘어지는 것을 확인하기 위해서는 태양의 양쪽에서 별을 관측하고, 별의 위치를 서로 비교해야 된다. 그래서 6개월 간격을 두고 관측을 해야 되는데, 그렇게 되면 한 번은 낮이고 한 번은 밤이 된다. 문제는 낮에 별을 관측해야 되는데 이것을 해결할 수 있는 유일한 방법은 태양이 가려지는 일식을 이용하는 것이다. 그래서 6개월 뒤 개기일식인 곳을 찾아 그곳에서 별을 관측하면 된다. 이런 이유로 영국의 왕립천문대는 1919년 5월 봄으로 예정되어 있는 개기일식을 이용할 계획을 수립했다. 빛의 경로가 휘는 현상을 증명하기 위해 북브라질의 소브랄과 서아프리카의 프린시페 섬에 두 팀의 탐사대를 보냈다. 프린시페 섬으로 향하는 팀을 이끈 천문학자는 아서 스탠리 에딩턴 이었다. 에딩턴은 개기일식이 일어나기 6개월 전의 밤하늘 별들을 미리 촬영해 두었다. 에딩턴이 이끈 탐사팀은 개기일식을 이용해 또 한 장의 별 사진을 얻을 수 있었다. 이 두 사진을

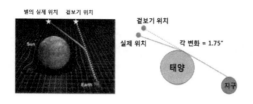
별의 실제 위치 걸보기 위치

Sun

Earth

걸보기 위치
실제 위치   각 변화 = 1.75˝

태양

지구

허블 망원경이 촬영한 중력렌즈효과

여인슈타인 십자가

비교한 결과 별빛이 휘는 각도가 정확하게 아인슈타인이 예측한 결과와 일치하였다. 이 소식은 순식간에 전 세계로 퍼져나갔으며, 아인슈타인을 일약 스타덤에 오르게 한 일대 사건이 되었다. 이렇게 중력에 의해 빛이 휘는 효과를 '중력렌즈 효과'라 하는데, 위의 사진은 이 효과를 극명하게 보여주는 대표적인 천체사진이다. 허블망원경이 촬영한 이 사진을 보면 중력이 아주 강한 별 주위를 지나온 빛이 휘면서 만들어 낸 이미지로 마치 렌즈를 통과한 빛이 굴절되면서 만들어 내는 이미지와 거의 흡사하다는 것을 알 수 있다. '중력렌즈'라는 말이 딱 어울린다.

69

중력이 시간의 흐름을 느리게 한다.

등가원리에 따르면 가속운동에 의한 효과와 중력에 의한 효과는 서로 구분할 수 없다. 이 원리를 중력이 작용하는 공간과 텅 빈 공간에 다시 한번 적용해 보자. 먼저 중력이 존재하지 않는 우주공간에 한 엘리베이터가 있다고 하자. 그리고 엘리베이터 속에는 쇠구슬 두 개가 천장에 매달려 있다. 엘리베이터를 가속 시키면서 쇠구슬들을 낙하시켜보자. 이때 엘리베이터의 가속도는 지구의 중력가속도와 같다고 하자. 한 순간 줄을 끊으면 두 개의 쇠구슬은 중력가속도를 가지고 나란하게 자유낙하운동을 할 것이다. 이번에는 무대를 지구로 옮겨보자. 지상에 놓여있는 엘리베이터 안에도 두 개의 쇠구슬이 천장에 매달려 있다. 줄을 끊으면 이 경우에도 쇠구슬들은 당연히 중력가속도로 자유낙하 운동을 하게 된다. 이것은 등가원리와 정확하게 일치하는 결과다. 그런데 두 경우를 좀 더 세세하게 비교해 보면 서로 다른 점을 하나 발견할 수 있다. 그것은 바로 자유낙하 하는 쇠구슬들의 경로다. 지구에서 자유낙하 하는 물체들은 모두 지구 중심을 향해 떨어지지만 아무런 중심이 없는 우주공

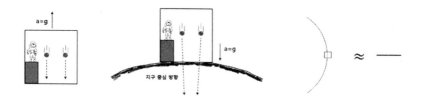

간에서는 순전히 가속도의 반대방향으로만 떨어진다. 따라서 지구 중심을 향해 떨어지는 쇠구슬들은 지면에 가까울수록 서로 접근하게 된다. 하지만 우주공간에서 가속운동 하는 엘리베이터 속의 쇠구슬들은 일정한 거리를 유지하면서 나란하게 떨어진다.

이와 같은 경로차이 때문에 이 경우에는 등가원리가 성립하지 않는다. 따라서 엄밀히 따지면 등가원리는 특정 영역에서만 성립하는데, 이렇게 특정 영역 또는 제한적인 영역을 '국소적' 이라고 한다. 이를 확인하기 위해 지상에 있는 두 쇠구슬 사이의 거리를 극도로 가깝게 하여 즉, 국소영역에서 등가원리를 다시 한 번 적용해 보자. 이것은 마치 지표면에서는 지구의 곡률을 거의 무시할 수 있는 것처럼 그림에 표시되어 있는 아주 작은 네모 속의 곡선도 근사적으로는 직선으로 취급할 수 있다. 이렇게 하면 두 상황이 거의

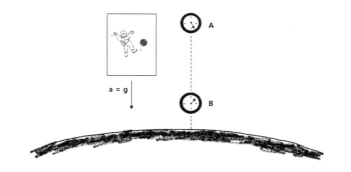

같아지기 때문에 등가원리를 적용할 수 있다. 먼저 무대를 한번 구성해 보자. 높이가 다른 두 지점에 시계를 두고 시계로부터 아주 가까운 거리에는 엘리베이터가 놓여있다.

엘리베이터는 지표면으로부터 높이가 다른 두 지점 A와 B를 통과한다. 지구의 중력은 거리의 제곱에 반비례하기 때문에 지표면에서 멀어질수록 중력은 약해지고 중력가속도도 작아진다. 따라서 A에서의 중력가속도가 B에서 보다 작을 것이다. 그럼 엘리베이터를 타고 낙하하면서 이 상황을 한 번 살펴보자. 엘리베이터 속은 이미 무중력상태이기 때문에 아무런 힘을 받지 않는 관성기준계라는 것을 알 수 있다. 관성기준계에서는 당연히 특수상대성이론을 적용할 수 있다. 특수상대성이론의 시간지연효과에 따르면 상대운동 속도가 빠를수록 시간은 느리게 흐른다. 그렇기 때문에 엘리베이터가 두 지점 A와 B를 지나칠 때 관측자가 느끼는 상대속도는 가속도가 큰 B 지점이 A 지점에 비해 훨씬 클 것이다. 따라서 엘리베이터를 타고 있는 관측자는 B 지점의 시간이 A 지점에서 보다 훨씬 느리게 흐르는 것을 보게 된다. 이것은 중력이 작은 곳보다는 큰 곳에서 시간의 흐름이 더 느려진다는 것을 의미한다. 이 결과를 좀 더 확장하면 중력이 작용하는 곳에서의 시간이 중력이 작용하지 않는 곳보다 더 느리게 흘러간다고 할 수 있다. 그렇기 때문에 중력이 아주 강한 블랙홀 근처에서는 중력이 작은 보통의 별 근처나 중력이 아예 존재하지 않는 우주공간에 비해 시간이 훨씬 느리게 흐를 것이다. 아래 그림은 블랙홀 근처와 중심에서 멀리 떨어진 곳에서의 시간이 서로 다르게 흘러가는 것을 보여주고 있다. 블랙홀 중심에 가까울수록 시간이 더 느리게 흐르는 것을 볼 수 있다. 중력이 시간의 흐름을 느리게 할 수 있다는 사실은 등가원리와 시간지연효과의 합작품이라고 할 수 있다. 중력이 거의 무한대인 블랙홀의 중심에서는 시간도 흐름을 멈출 것이다.

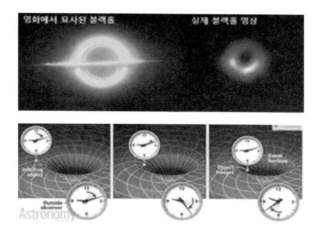

GPS와 시간지연효과

비행기나 자동차, 배 뿐만 아니라 스마트폰 등에도 내비게이션이 사용되는데, 이것들은 모두 위성기반 자동항법시스템인 GPS를 기반으로 하고 있다. GPS가 일상의 한 부분이 된지는 이미 오래 전이다. GPS는 거의 5~10 m의 정확도로 우리의 위치(위도, 경도, 고도, 방위 등)를 실시간 알려준다. 일반적으로 GPS는 지구로부터 아주 높은 고도에 위치하고 있는 24개~30개 정도의 인공위성 네트워크로 구성된다. GPS에 관여하는 인공위성들은 지상으로부터 약 20,000 km 상공에 있는 궤도 위를 시속 약 14,000 km의 속도로 지구 주위를 공전하고 있다. 이 속도는 지구를 약 12시간에 한 바퀴 돌 수 있는 아주 빠른 속도다. 그런데 이렇게 속도가 빠른 경우에는 특수상대성이론에 의한 시간지연효과와 또 고도가 높기 때문에 지상과의 중력 차이로 나타나는 시간지연효과로 인해 지상과 인공위성 사이에는 시간 차이가 발생하게 된다. 만약 이 효과를 보정해 주지 않으면 지상과의 시간차이로 인해 매 순간 위치에 대한 오차가 발생하게 되고 이것이 점차 쌓이면 결국 GPS는 자동항법장치 역할을 할 수 없게 된다. 따라서 지상과의 시간차이를 보정할 수 있도록 GPS 시스템을 설계해야 위치에 대한 정확한 정보를 제공할 수 있다. 시간차이가 발생하는 이유와 이것을 어떻게 보정해야 할지 좀 더 상세히 살펴보자.

① 중력에 의한 시간지연효과로 인해 지구로부터 멀어질수록 시간이 빨리 흐르기 때문에 지상에 있는 우리들보다 인공위성에서 시간이 더 빠르게 흘러간다.

② 특수상대성이론에 따라 상대속도에 의한 시간지연효과도 함께 고려해야 되는데, 가만히 정지하고 있는 지상 보다 아주 빠르게 운동하는 인공위성에서 시간이 더 느리게 흐른다.

이 두 가지 상대론적 효과를 고려하면 인공위성에 있는 시계가 지상에 있는 시계보다 하루 약 38 마이크로초(μs $= 10^{-6}$초) 정도 더 빨리 흐르게 된다. 비록 이 값이 아주 작긴 하지만 GPS 시스템은 나노초(ns $= 10^{-9}$초) 정도의 정확도가 요구되기 때문에 만약 이 시간차이를 보정해 주지 않으면 내비게이션에서는 약 2분 정도의 시간차이에 해당하는 위치차이가 발생하면서 그 역할을 제대

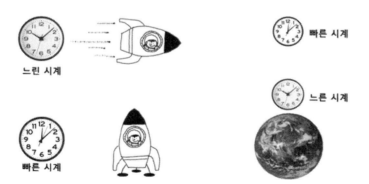

느린 시계

빠른 시계

빠른 시계

느른 시계

로 수행할 수 없게 된다. 이렇게 GPS는 상대성이론의 결과를 현실에 적용한 가장 대표적인 사례라고 할 수 있다. 시간의 상대성은 더 이상 허구나 상상이 아닌 실체로서 우주의 시간을 지배하고 있다.

71

특수에서 일반으로의 상대성이론 확장

뉴턴의 만유인력법칙에 따르면 중력의 근원은 질량이며 그래서 중력은 질량을 가진 물체들 사이에서만 작용한다. 따라서 빛처럼 질량이 없는 존재들은 중력의 영향을 절대로 받아서는 안 된다. 하지만 아인슈타인은 태양 주위를 지나는 빛의 경로가 휠 수 있다고 예측했으며, 이 주장은 일식실험을 통해 실제로 증명되었다. 어떻게 된 것일까? 이것은 명백히 뉴턴의 중력이론과 모순되는 결과다. 이 불일치의 원인은 과연 무엇일까? 중력이 아니라면 과연 무엇이 빛의 경로를 휘게 만들었을까? 이 의문에 대한 답은 등가원리에서 찾을 수 있다. 등가원리에 따르면 가속운동에 의한 물리적 결과와 중력에 의한 결과는 서로 구분할 수 없다. 이 원리를 기반으로 아인슈타인은 관성력이 가속도 때문에 생기는 겉보기 힘인 것처럼 중력은 시공의 변형 때문에 나타나는 겉보기 힘이라고 주장했다. 그리고 아인슈타인은 시공을 변형시키는 원인이 다름 아닌 질량이라고 주장했다. 뉴턴의 중력과는 완전히 다른 관점이다. 아인슈타인은 중력의 원인을 질량 그 자체가 아닌 질량에 의한 시공간의 변형이 겉으로 드러난 것이라고 주장한다. 즉, 질량이 있으면 그 주변의 시공간에 변형이 일어나고, 그 곳을 지나는 빛을 포함한 모든 물체들은 변형된 시공간의 틀을 따라 운동하며, 그래서 마치 힘을 받아 가속 운동 하는 것처럼 보인다는 것이다. 이것이 바로 아인슈타인이 발견한 중력의 실체다.

지금부터 아인슈타인의 관점으로 중력을 다시 한번 해석해 보자. 우주는 수많은 별들로 가득 차 있다. 따라서 우주 전체 시공간은 별들에 의해 복잡하게 변형되어 있을 것이다. 당연히 우리들 눈에는 보이지 않는다. 하지만 별 주위를 지나는 천체의 운동이나 빛의 경로 변화 등을 통해 간접적으로 확인할 수 있다. 예를 들어 텅 빈 우주공간의 경우 시공간의 변형이 일어나지 않기 때문에 이곳을 지나는 천체나 빛은 아무런 힘을 받지 않고 자신들의 운동 상태를 그대로 유지할 것이다. 하지만 별이 있는 곳에서는 시공간의 변형 때문에 별 주위를 지나는 천체나 빛들은 가속운동 또는 곡선운동을 할 것이다. 이렇게 겉보기 운동을 통해 시공간의 변형 정도를 예상할 수 있으며, 이것을 이용하여 중력의 크기도 계산할 수 있다. 즉, '시공간의 휨이 곧 중력'이기 때문이다. 이런 생각을 바탕으로 아인슈타인은 중력이라는 힘을 시공간의 변형으로 표현할 수 있는 일반적인 이론을 찾기 위해 거의 10년 동안 끈질기게 연구한 끝에 결국 하나의 식으로 표현할 수 있는 이론을 완성하게 되는데, 그것이 바로 '일반상대성이론'이다. 일반상대성이론에 따르면 중력은 물체가 가진 질량 때문에 나타나는 시공간의 변형과 같고, 이 변형의 정도는 '중력장방정식'으로 표현된다. 또한 특수상대성이론의 질량−에너지등가원리에 따라 질량은 에너지와 같고 그래서 에너지만 존재하더라도 시공간이 변형될 수 있다. 일반상대성이론은 힘이 작용하지 않는 관성기준틀에서만 성립하는 특수상대성이론을 가속 운동을 포함하는 상황으로 확장한 일반이론으로, 시공간에 대한 새로운 물리학을 연 20세기 최고의 이론이라고 할 수 있다. 미국출신의 물리학자 존 휠러는 물질과 시공간의 관계를 다음과 같은 말로 표현하기도 했다. '물질의 분포가 시공의 곡률을 결정하고 또 시공은 물체의 운동을 결정한다.'

72

일반상대성이론의 두 기둥

특수상대성이론은 상대성원리와 광속불변원리라는 두 개의 기둥 위에 세워진 이론이다. 일반상대성이론은 훨씬 복잡하기 때문에 더 복잡한 조건들이 요구되는데, 여기에는 등가원리와 공변성원리가 있다. 일반상대성이론에서도 역시 물리적 상황을 바라보는 기준틀 문제, 정지 상태와 등속운동상태를 구분할 수 없는 상대성원리, 그리고 관측자의 기준틀과 무관하게 결정이 가능한 가속도의 절대성 등이 주요 키워드이다. 일반상대성원리의 기초가 되는 기본원리들을 정리하면 다음과 같다.

(1) 등가원리

중력에 의한 결과와 가속운동에 의한 결과는 서로 구분할 수 없다는 원리로 이들 계에서는 모든 물리적 결과 역시 똑같아야 된다. 이 원리는 특수상대성이론의 '상대성원리'를 가속운동 하는 기준틀로 확장한 것으로 이해할 수 있다. 즉, 관성기준틀에서는 모든 물리법칙이 똑같다는 특수상대성이론의 상대성원리와 그 물리적 맥락이 같다고 할 수 있다.

(2) 일반공변성원리

서로 다른 운동상태에 있는 관측자들 사이에 좌표변환을 하더라도 식의 형태가 같은 꼴로 변환되는 것을 '공변성'이라고 한다. 하나의 물리적 현상이 보는 사람에 따라 다른 형태의 식으로 표현 되면 어느 것이 옳고 그런지 알 수 없을 뿐더러 우리는 당장 혼란에 빠질 것이다. 식의 형태가 달라지면 결과도 달라지고 그러면 하나의 현상에 대해 서로 다른 해석을 할 수밖에 없기 때문에 이것을 두고 과학적 사실이니 객관적 사실이니 하는 것은 스스로 모순에 빠지는 것이 된다. 따라서 관측자의 운동 상태가 다르더라도 하나의 현상에 대해서는 결과가 같아야 되기 때문에 이 결과를 기술하는 식의 형태도 당연히 같아야 된다. 특수상대성이론에서는 로렌츠 변환을 통해 시공간의 좌표가 변환되면서 공변성이 유지된다. 예를 들어 공간상의 한 점에 대한 좌표 값은 관측자가 어디에 기준을 두는지에 따라 달라 질 수 있지만, 두 점 사이의 거리는 누가 어떤 좌표계를 사용하더라도 똑같아야 된다. 질량도 마찬가지인데 정지질량 역시 어떤 좌표계에서 측정하든 같은 값을 가져야만 한다. 이와 같이 서로 다른 좌표계에서 측정하더라도 크기가 보존되는 물리량들은 텐서로 표현하는데, 텐서로 표현되는 물리법칙들은 좌표가 달라지더라도 언제나 같은 식의 형태를 유지하기 때문에 '공변성'을 만족한다고 한다.

갈릴레오 변환, 공변성의 예

물리법칙은 관측자의 상태와 무관하게 누구에게나 똑같이 만족되어 야하기 때문에 그러기위해서는 물리법칙을 기술하는 식도 같은 형태를 유지해야 된다. 바로 공변성원리 때문이다. 공변성의 대표적인 예로 갈릴레오 변환을 한번 살펴보자. 뉴턴 운동 제2법칙을 기술하는 운동방정식은 갈릴레오 변환에 대해 공변성을 만족한다. 이것을 알아보기 위해 두 점 사이의 거리를 이용하자. 그리고 서로 다른 운동 상태에 있는 두 관측자는 각자의 기준틀에서 두 점 사이의 거리를 측정한다. 만약 공변성이 만족된다면 두 관측자가 측정한 거리에 대한 식의 형태가 같을 것이다. 그럼 갈릴레오 변환을 이용하여 결과를 한 번 확인해 보자. 우선 길이가 L인 막대를 각자의 관점에서 표현해 보자. 여기서 x는 정지한 관측자에 대한 좌표를 나타내고, x'는 일정한 속도 v로 운동하는 관측자에 대한 좌표를 나타낸다. 정지기준틀에 서 있는 관측자의 좌표로 표현한 막대의 길이는 $L = x_2 - x_1$이다. 그리고 운동하는 관측자의 경우 막대의 길이는 $L' = x_2' - x_1'$ 이다. 갈릴레오 변환을 이용하여 운동하는 관

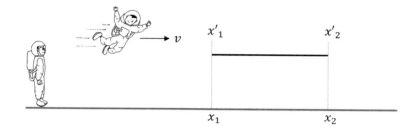

측자의 좌표 x'를 정지한 관측자의 좌표로 표현하면 $x_2' = x_2 - vt$, $x_1' = x_1 - vt$ 가 된다. 여기서 vt는 운동하는 관측자가 t 시간 동안 달려간 거리를 나타낸다. 오른쪽으로 달려가면서 이동한 거리만큼 빼줘야 되기 때문에 두 식 속에 vt가 포함되어 있다.

상대성원리에 따라 관측자의 상태와 무관하게 막대의 길이는 누가 측정하든 같아야 된다. 각자의 기준틀에서 측정한 막대의 길이를 한 번 비교해 보자.

$$L' = x_2' - x_1' = (x_2 - vt) - (x_1 - vt) = x_2 - x_1 = L$$

두 관측자의 결과가 정확히 일치하는 것을 알 수 있으며, 식의 형태 역시 똑같다는 것을 볼 수 있다. 즉, $x_2 - x_1 = x_2' - x_1'$ 이다. 막대의 길이 또는 두 점 사이의 거리가 갈릴레오 변환에 대해 '공변성'이 성립하는 것을 알아보았다. 마찬가지로 갈릴레오 변환을 뉴턴의 역학법칙들에 적용시켜보면 모든 경우 '공변성'이 성립한다는 것을 알 수 있다.

상대성이론과 공변성

특수상대성이론에서도 서로 다른 운동 상태에 있는 두 관측자 사이에 공변성이 성립하는 좌표변환이 있는데, 바로 로렌츠변환이다. 서로에 대해 일정한 속도 v로 상대운동 하는 두 관측자가 시공간 상에 있는 두 점사이의 거리를 측정한다고 하자. 각자의 기준틀에서 측정한 결과들을 비교하여 공변성을 조사해 보자. 여기서 x, t는 정지한 관측자에 대한 좌표를 나타내고, x', t'는 일정한 속도 v로 운동하는 관측자에 대한 좌표를 나타낸다. 특수상대성이론에서는 길이와 시간이 상대속도의 크기에 따라 $\gamma = 1/\sqrt{1-(v/c)^2}$ 만큼 변한다는 것을 알고 있다. 정지한 관측자의 시공간좌표에서 두 점 사이의 간격을 $\triangle S$, 그리고 일정한 속도로 운동하는 관측자에 대한 시공간좌표에서의 간격을 $\triangle S'$ 라고 하자.

2차원 $x-y$ 좌표평면에서 두 점 사이의 거리 $\triangle S$가 $\sqrt{x^2+y^2}$ 인 것처럼 4차원 시공간좌표에서 두 점 사이의 간격은 $(\triangle S)^2 = (c\triangle t)^2 - (\triangle x)^2$ 와 $(\triangle S')^2 = (c\triangle t')^2 - (\triangle x')^2$ 로 주어진다. 식 속의 부호는 시간좌표와 공간좌표를 구분하기 위한 것

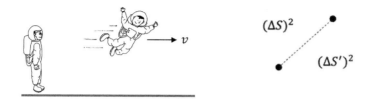

으로 여기서는 공간좌표를 (−)로 정의했다. 우선 잘 알고 있는 로렌츠 좌표변환을 두 관측자의 좌표에 적용시켜 보자.

위치변화 $x' = \gamma(x - vt)$ ↔ $x = \gamma(x' + vt')$

시간변환 $t' = \gamma(t - vx/c^2)$ ↔ $t = \gamma(t' + vx'/c^2)$

이 식들을 이용해서 정지 기준틀에서의 간격 $(\triangle S)^2 = (c\triangle t)^2 - (\triangle x)^2$ 을 상대운동 하는 좌표로 재정리해 보면 다음과 같이 된다. 여기서 $\gamma = 1/\sqrt{1 - (v/c)^2}$ 이다.

$$(\triangle S)^2 = c^2 \triangle t^2 - \triangle x^2 = c^2\gamma^2(t' + vx'/c^2)^2 - \gamma^2(x' + vt')^2$$
$$= c^2 \triangle t'^2 - \triangle x'^2 = (\triangle S')^2$$

이 결과를 보면 $(\triangle S)^2$ 과 $(\triangle S')^2$ 에 대한 식의 형태가 같다는 것을 알 수 있다. 즉, 서로 다른 시공간 기준틀에서도 두 점 사이의 간격은 공변성을 만족한다. 아인슈타인은 이러한 공변성이 등속운동뿐만 아니라 힘이 작용하는 가속기준틀에서도 성립되어야 한다고 생각했다. 이렇게 공변성원리에는 관측자의 운동 상태와 무관하게 모든 물리법칙이 누구에게나 똑같아야 한다는 의미가 담겨있다. 이런 공변성을 가속운동하는 기준틀로 확장한 것이 바로 '일반공변성원리'이다. 이 원리는 특수상대성이론의 두 가설 중의 하나인 상대성원리를 가속도를 포함하는 일반적인 상황으로 확장한 것과 같다. 이로써 일반상대성이론의 중요한 뼈대를 이루는 두 가지 전제조건이 마련되었다. 등가원리와 공변성원리! 이 원리를 바탕으로 완성한 것이 바로 일반상대성원리이다. 그럼 지금부터 특수에서 일반으로 확장된 새로운 시공간으로의 여행을 한번 시작해 보자.

75

일반상대성이론의 완성, 장방정식

아인슈타인은 우리가 지금까지 중력이라고 생각했던 힘이 다름 아닌 휘어진 시공간 때문에 드러나 보이는 겉보기 힘이라는 사실을 발견했다. 이때 시공을 휘게 하는 원인이 바로 질량이다. 질량의 유무에 따라 시공간이 평평하기도 또는 곡률을 가질 수도 있다. 그리고 모든 물체의 운동은 시공간의 모양에 영향을 받는데, 만약 질량이 없어 시공간이 평평한 곳을 지나는 물체는 직선운동을 하지만 질량 때문에 시공간이 휘어져 있으면 휘어진 곡률을 따라 가속운동을 하게 된다. 아인슈타인은 '중력이 곧 시공간의 휨'이라는 생각을 바탕으로 중력이라는 힘을 시공간의 곡률로 설명할 수 있는 이론체계를 완성하게 되는데, 그것이 바로 '일반상대성이론' 이다. 일반상대성이론을 대표하는 결과식을 '중력장방정식 또는 장방정식'이라고 하며 이 방정식으로 부터 질량이나 에너지의 분포 때문에 시공간이 얼마나 휘는지 그 곡률에 대한 정보를 얻을 수 있다. 장방정식을 푼다는 것은 상당히 복잡하고 어려운 과정이지만 여기서는 그 식의 형태와 식 속에 담겨 있는 물리적 의미만 간단히 살펴보도록 하자.

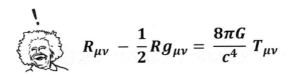

$$R_{\mu\nu} - \frac{1}{2}Rg_{\mu\nu} = \frac{8\pi G}{c^4}T_{\mu\nu}$$

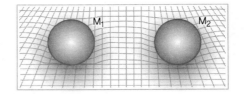

(1) 장방정식의 구조와 의미

장방정식의 형태는 다음과 같이 주어진다.

$$R_{\mu v} - \frac{1}{2}Rg_{\mu v} = \frac{8\pi G}{c^4}T_{\mu v}$$

장방정식의 좌변에 있는 항들은 시공간의 휘어진 정도를 나타내는 기하학적 양들이고 우변에 있는 항은 시공간을 휘게 만드는 에너지응력텐서로 질량이나 에너지밀도 등을 나타내는 양이다. 좌변의 $R_{\mu v}$는 리치텐서, R은 리치스칼라, $g_{\mu v}$는 계량텐서 그리고 우변의 $T_{\mu v}$는 에너지응력텐서를 각각 나타낸다. 그리고 첨자 μ, ν는 시간과 공간의 좌표를 대표하는 문자로 각각은 숫자에 대응되며 시간좌표는 0 그리고 세 개의 공간좌표인 x, y, z는 1, 2, 3으로 표시한다. 여기서 '텐서'는 좌표계가 변하더라도 물리적 성질은 변하지 않고 유지되는 그런 물리량을 나타내는 수학적 용어다. 식의 좌변에 있는 계량텐서, $g_{\mu v}$는 시공간의 기하학적 구조에 대한 정보를 가지고 있기 때문에 장방정식에서 가장 기본적이며 중요한 양이다.

그래서 장방정식을 푼다는 것은 계량텐서를 구하는 것과 거의 같다고 할 수 있다. 중력이 작용하는 시공간에서 물체가 어떤 경로를 따라 어떻게 운동하는지를 관측하여 그 정보를 가지고 시공간이 얼마나 변형되어 있는지 그 정도를 알 수도 있는데, 이와 관련된 물리량이 '리만텐서'다. 리만텐서를 이용해서 리치텐서와 리치스칼라를 구할 수 있다.

$$R_{\alpha\beta} = R^{\rho}{}_{\alpha\rho\beta} = \partial_{\rho}\Gamma^{\rho}\beta\alpha + \Gamma^{\rho}\rho\alpha$$
$$+ \Gamma^{\rho}\rho\lambda\,\Gamma^{\lambda}\beta\alpha - \Gamma^{\rho}_{\beta\lambda}\,\Gamma^{\lambda}{}_{\rho\alpha}$$

(리치텐서)

$$g_{\mu v} \text{ (계량텐서)} \longrightarrow R = g^{\mu v}\,R_{\mu v} \qquad \text{(리치스칼라)}$$

$$\Gamma^{i}{}_{kl} = \frac{1}{2}\,g^{im}\left(\frac{\partial g_{mk}}{\partial x^{l}} + \frac{\partial g_{ml}}{\partial x^{k}} - \frac{\partial g_{kl}}{\partial x^{m}}\right)$$
$$= \frac{1}{2}\,g^{im}\left(g_{mk,\,l} + g_{ml,\,k} - g_{kl,\,m}\right)$$

(크리스토펠방정식)

장방정식의 우변에 있는 항은 시공간을 휘게 하는 원인에 대한 정보를 가지고 있는 에너지응력텐서로 에너지와 물질의 분포로 결정되는 양이다. 결국 장방정식은 에너지와 물질의 분포 때문에 시공간이 어떻게 그리고 얼마나 휘는지에 대한 정보를 제공해 주며, 시공간의 변형이 곧 중력이라는 것을 밝힌 방정식이라고 할 수 있다.

(2) 시공간의 기하학적 정보, 계량텐서 $g_{\mu\nu}$

시공간의 기하학적 구조에 대한 정보를 담고 있는 계량텐서는 어떻게 결정되는지 간단한 예를 통해 한번 알아보자. 여기서 한 가지 전제조건이 있는데 바로 공변성이다. 즉, 두 점 사이의 간격은 어떤 시공간좌표를 사용하더라도 절대 변하지 않아야 한다. 이제 서로 다른 두 좌표 사이의 기하학적 정보를 담고 있는 계량텐서를 구해 보자. 두 개의 좌표축 x, y로 이뤄진 2차원 직각좌표에서 두 점 사이의 간격, dl^2은 피타고라스정리에 따라 $dl^2 = dx^2 + dy^2$가 된다. 만약 x 축 상의 길이와 y 축 상의 길이가 $dx = 2 - 1$, $dy = 3 - 1$이라면 두 점 사이의 간격은 $dl = \sqrt{dx^2 + dy^2} = \sqrt{5}$가 된다. 좌표축이 서로 수직인 경우에는 이렇게 피타고라스정리를 이용해서 간단히 구할 수 있다. 하지만 우리는 휘어진 시공간을 다뤄야 된다. 이런 시공간에서는 좌표축이 서로 수직이 아니기 때문에 두 점 사이의 간격을 단순히 피타고라스정리만으로는 구할 수 없다. 먼저 휘어진 좌표 상에서 두 점 사이의 간격이 어떻게 표현되는지 한 번 알아보자. 서로 수직이 아닌 새로운 좌표축을 정의해 보자. x $-y$ 좌표 상에서 새로운 두 축을 $x^1 = x - y$, $x^2 = x - 2y$라 하면 이들 두 축은 서로 수직이 아니다. 여기서 위의 첨자는 새로운 축을 나타낸다. 이제 이 좌표를 이용해서 두 점 사이의 간격 $d\ell$을 표현해 보자. x, y 좌표를 새 좌표로 나타내면 $x = 2x^1 - x^2$, $y = x^1 - x^2$가 된다. 이것을 $d\ell^2$에 대입한 뒤 다시 정리하면 다음과 같다. 단, 여기서 아주 작은 변화, 즉 미소변화를 나타낼 때는 'd'라는 문자를 사용한다. 그래서 $x = 2x^1 - x^2$, $y = x^1 - x^2$ 각각의 아주 작은 변화는 $dx = 2dx^1 - dx^2,\ dy = dx^1 - dx^2$로 표현할 수 있다.

$$d\ell^2 = dx^2 + dy^2 = (2dx^1 - dx^2)^2 + (dx^1 - dx^2)^2$$

$$= 5(dx^1)^2 - 3dx^1dx^2 - 3dx^2dx^1 + 2(dx^2)^2$$

계량텐서는 이 식에서 좌표들의 곱으로 표현되어 있는 항들의 계수, 즉 숫자들로 이루어진 행렬이다. 행렬은 숫자나 문자를 가로와 세로로 배열한 것인데, 예를 들어 가로로 배열 된 행이 2개, 세로로 배열된 열이 2개면 '2×2 행렬'이라고 한다. 2×3 행렬, 4×1 행렬 등 다양한 숫자 배열로 행렬을 정의할 수 있다. 행렬의 각 항을 행렬의 '요소'라고 하며 $i,\ j$ 문자를 이용하여 나타낸다. 예를 들어 '1행 1열'의 요소는 행렬을 M이라 하면 $M_{행렬} = M_{12}$로 나타낸다. 그래서 행렬로 표현되는 계량텐서도 g_{ij}로 표기할 수 있다. 위의 식에서 $(dx^1)^2 = dx^1 \cdot dx^1$는 1번 축 둘의 곱으로 되어 있기 때문에 '1행 1열'에 대응시킬 수 있고, 그래서 이 항 앞에 있는 숫자를 계량텐서 g_{ij}의 1행 1열 원소로 할당하게 된다. 즉 $g_{11} = 5$가 된다. 그리고 $dx^1 \cdot dx^2$는 1행 2열에 대응되며, 이 항 앞의 수는 g_{ij}의 1행 2열 원소가 된다. 즉, $g_{12} = -3$이다. 마찬가지로 $dx^2 \cdot dx^1$ 앞의 수는 g_{21} 그리고 $(dx^2)^2 = dx^2 \cdot dx^2$의 경우는 g_{22} 원소에 대응된다. 여기서 사용된 기호 ' · '는 벡터의 내적을 나타내는 기호로서로 수직인 벡터들을 곱할 경우 0이 되게 하는 벡턴 연산자이다. 즉, x 축과 y 축에 있는 두 양을 내적하면 두 축은 수직이기 때문에 $dx \cdot dy = 0$이 된다. 이렇게 해서 얻은 계량텐서는 다음과 같다.

$$g_{ij} = \begin{pmatrix} g_{12} & g_{12} \\ g_{21} & g_{22} \end{pmatrix} = \begin{pmatrix} 5 & -3 \\ -3 & 2 \end{pmatrix}$$

내적의 성질을 이용해서 $dx^1 \cdot dx^2$를 한번 계산해 보자.

$$dx^1 \cdot dx^2 = (dx - dy) \cdot (dx - 2dy)$$
$$= dx^2 - (dx \cdot 2dy) - (dy \cdot dx) + 2\,dy^2$$
$$= 1 - 0 - 0 = 2 \times 2^2 = 9$$

다른 항들도 구해보면 각각 $dx^1 \cdot dx^1 = 5$, $dx^2 \cdot dx^2 = 17$, $dx^2 \cdot dx^1 = 9$가 된다. 이 결과와 계량텐서를 이용하여 새로운 좌표공간에서 두 점 사이의 간격을 구해보자.

$$d\ell^2 = g_{11}dx^1dx^1 + g_{12}dx^1dx^2 + g_{21}dx^2dx^1 + g_{22}dx^2dx^2$$
$$= 5 \times 5 + (-3) \times 9 + (-3) \times 9 + 2 \times 17 = 5$$

새로운 좌표에서도 변환 전의 좌표에서 얻은 결과, $d\ell = \sqrt{5}$와 같다는 것을 알 수 있다. 이렇게 공간이 변하더라도 두 점 사이의 간격은 변하지 않고 똑같다는 것을 확인할 수 있다. 계량텐서가 바로 공변성이 만족되도록 그 역할을 담당하고 있다는 것을 알 수 있다.

(3) 계량텐서의 행렬 연산

시공간이 휘어진 정도에 대한 정보를 알기 위해서는 계량텐서를 먼저 구해야 된다는 것을 알았다. 왜냐 하면 시공간이 변하면 계량텐서도 함께 변하기 때문이다. 계량텐서와 시공간의 변화를 그림으로 나타내면 다음과 같다. 여기서 g_{ij}는 서로 수직인 좌표로 이루어진 2차원 공간의 계량텐서를 나타내고 $g_{ij}{}'$는 서로 수직이 아닌 두 축으로 이루어진 공간의 계량텐서를 나타낸다.

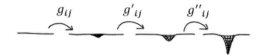

앞 절에서의 결과를 이용하여 두 좌표계에서의 계량텐서를 나타
내면 다음과 같다.

$$g_{ij} = \begin{pmatrix} g_{11} & g_{12} \\ g_{21} & g_{22} \end{pmatrix} = \begin{pmatrix} 1 & 0 \\ 0 & 1 \end{pmatrix} \quad \Rightarrow \quad g'_{ij} = \begin{pmatrix} g'_{11} & g'_{12} \\ g'_{21} & g'_{22} \end{pmatrix} = \begin{pmatrix} 5 & -3 \\ -3 & 2 \end{pmatrix}$$

계량텐서와 행렬 연산을 이용하여 두 좌표에서의 길이를 다시
한 번 표현해 보자. 먼저 서로 수직인 좌표축으로 이뤄진 공간에
대한 행렬 연산을 수행해 보자.

$$dl^2 = \sum_{i,j} g_{ij} dx^1 dx^2 = (dx \ dy)\begin{pmatrix} g_{11} & g_{12} \\ g_{21} & g_{22} \end{pmatrix}\begin{pmatrix} dx \\ dy \end{pmatrix}$$
$$= (1 \ 2)\begin{pmatrix} 1 & 0 \\ 0 & 1 \end{pmatrix}\begin{pmatrix} 1 \\ 2 \end{pmatrix} = 1 + 4 = 5$$

이번에는 서로 수직이 아닌 좌표축으로 이뤄진 공간에 대한 행
렬 연산이다.

$$dl'^2 = \sum_{i,j} g'_{ij} dx^1 dx^2 = (dx^1 \ dx^2)\begin{pmatrix} g'_{11} & g'_{12} \\ g'_{21} & g'_{22} \end{pmatrix}\begin{pmatrix} d\,x^1 \\ d\,x^2 \end{pmatrix}$$
$$= (-1 \ -3)\begin{pmatrix} 5 & -3 \\ -3 & 2 \end{pmatrix}\begin{pmatrix} -1 \\ -3 \end{pmatrix} = -4 + 9 = 5$$

두 연산의 결과가 같다는 것을 알 수 있다. 이와 같이 공간의 구

조가 달라지더라도 계량텐서를 이용하면 언제나 두 점 사이의 간격을 일정하게 유지할 수 있다. 계량텐서가 서로 다른 공간 사이의 변환에 대한 정보를 담고 있기 때문에 좌표변환에 대해서도 공변성이 유지될 수 있는 것이다.

(4) 3차원 공간에 대한 계량텐서의 예들

다음은 과학이나 공학에서 자주 사용하는 몇몇 3차원 좌표계들과 그에 따른 계량텐서들의 예이다.

① 3차원 직각좌표 공간과 계량텐서

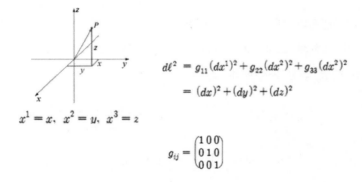

$$d\ell^2 = g_{11}(dx^1)^2 + g_{22}(dx^2)^2 + g_{33}(dx^2)^2$$
$$= (dx)^2 + (dy)^2 + (dz)^2$$

$$x^1 = x, \ x^2 = y, \ x^3 = z$$

$$g_{ij} = \begin{pmatrix} 1 & 0 & 0 \\ 0 & 1 & 0 \\ 0 & 0 & 1 \end{pmatrix}$$

② 3차원 구면좌표 공간과 계량텐서

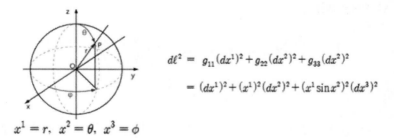

$$d\ell^2 = g_{11}(dx^1)^2 + g_{22}(dx^2)^2 + g_{33}(dx^2)^2$$
$$= (dx^1)^2 + (x^1)^2(dx^2)^2 + (x^1 \sin x^2)^2(dx^3)^2$$

$$x^1 = r, \ x^2 = \theta, \ x^3 = \phi$$

$$g_{ij} = \begin{pmatrix} 1 & 0 & 0 \\ 0 & r^2 & 0 \\ 0 & 0 & r^2\sin^2\theta \end{pmatrix}$$

③ 3차원 원통좌표 공간과 계량텐서

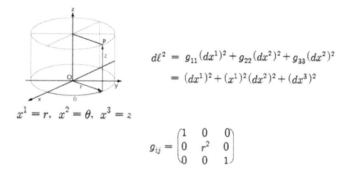

$$x^1 = r, \ x^2 = \theta, \ x^3 = z$$

$$d\ell^2 = g_{11}(dx^1)^2 + g_{22}(dx^2)^2 + g_{33}(dx^2)^2$$
$$= (dx^1)^2 + (x^1)^2(dx^2)^2 + (dx^3)^2$$

$$g_{ij} = \begin{pmatrix} 1 & 0 & 0 \\ 0 & r^2 & 0 \\ 0 & 0 & 1 \end{pmatrix}$$

(5) 장방정식을 구하는 절차

지금까지 시공간에 대한 기하학적 정보를 담고 있는 계량텐서에 대해 알아보았다. 장방정식에 따르면 평평한 시공간에 질량을 가진 물체나 에너지가 있으면 그 양에 비례해서 시공간이 변형된다. 이러한 시공간의 변화에 대한 가장 기본적인 정보가 계량텐서 속에 들어있기 때문에 장방정식을 풀어야 할 경우 가장 먼저 구해야 하는 것이 바로 계량텐서다. 앞 절에서 살펴본 것처럼 계량텐서는 시공간좌표의 종류와 무관하게 어떤 좌표에서나 두 점 사이의 간격이 항상 일정하게 유지되는 조건으로부터 결정된다. 따라서 장방정식을 풀이하기 위한 첫 번째 단계가 계량텐서를 구하는 것이고, 이것을 이용하여 나머지 풀이과정을 진행하게 된다. 그럼 장방정식 풀이과정을 간단히 정리해 보자. 실제로 장방정식을 풀이하는 과정은 너무나 복잡하고 어려울 뿐 아니라 시간을 많이 필요로 하는 아주 지루한 과정이다. 하지만 그 절차만큼은 최소한 알아두는 것이 상대성이론을 접할 때 마다 묻게 되는 '왜 그럴까?'에 대한 의문을 해소하는데 조금이나마 도움이 되지 않을까싶다. 그럼 장방정식의 풀이절차를 간단히 정리해 보자.

① 계량텐서, $g_{\mu\nu}$를 구한다.

② 리만의 곡률텐서는 계량텐서로부터 크리스토펠 방정식을 이용하여 구한다.

$$I^i{}_{kl} = \frac{1}{2} g^{im} \left(\frac{\partial g_{mk}}{\partial x^l} + \frac{\partial g_{ml}}{\partial x^k} - \frac{\partial g_{kl}}{\partial x^m} \right)$$

$$= \frac{1}{2} g^{im} \left(g_{mk,\,l} + g_{ml,\,k} - g_{kl,\,m} \right)$$

③ 크리스토펠방정식을 이용하여 리치곡률텐서를 구한다.

$$R_{\alpha\beta} = R^\rho{}_{\alpha\rho\beta} = \partial_\rho \, \Gamma^\rho{}_{\beta a_1} - \partial_\beta \, \Gamma^\rho \rho\alpha + \Gamma^\rho{}_{\rho\lambda} \Gamma^\lambda{}_{\beta\alpha} - \Gamma^\rho{}_{\beta\lambda} \Gamma^\lambda{}_{\rho\alpha}$$

④ 리치곡률텐서를 이용하여 리치스칼라를 구한다.

$$R = g^{\mu\nu} R_{\mu\nu} \rightarrow R = R_{00} - \alpha R_{11} - \beta R_{22} - \gamma R_{33}$$

⑤ 에너지응력텐서, $T_{\mu\nu}$를 구한다.

⑥ 장방정식을 완성한다.

$$R_{\mu\nu} - \frac{1}{2} R g_{\mu\nu} = \frac{8\pi G}{c^4} T_{\mu\nu}$$

각각의 식 속에 들어 있는 첨자들은 모두 공간 또는 시간 좌표를 나타내며, 깔끔하게 정리된 듯 보이지만 실제로 이런 항들을 계산하는 과정은 몹시 어렵고 힘든 과정이다. 어쨌든 이런 절차를 통해 다양한 조건하에서 장방정식의 해를 구할 수 있으며, 별 근처를 지나는 빛이 휘는 것이나 수성의 근일점 이동, 블랙홀 그리고 중력파 등도 역시 장방정식을 풀어야만 얻을 수 있는 결과들이다. 중력을 시공간의 기하학적 변형으로 해석한 아인슈타인의 일반상대성이론은 현대우주론의 문을 활짝 열어젖혔을 뿐만 아니라 우리 우주의 과거, 현재 그리고 미래에 대한 수수께끼를 풀기위해서도 반드시 필요한 가이드북이다.

76

시공간의 기하학

직선이나 평면 그리고 공간 도형의 수학적 구조나 성질 등을 다루는 수학의 한 분야가 기하학인데, 우리가 일상에서 다루는 기하학은 주로 유클리드 기하학이다. 삼각형 내각의 합은 180도이고, 한 점을 지나며 한 직선에 나란한 직선은 하나밖에 존재하지 않는다는 등등의 공리들로 체계화된 기하학이 바로 유클리드 기하학이다. 유클리드 기하학을 대표하는 공리 중 평면에서 만족하는 평행선 공리가 있는데, 이것은 '직선 밖의 한 점을 지나 이 직선에 평행한 직선은 단 하나밖에 없다.'는 명제로 정의된다. 하지만 평행선공리를 적용할 수 없는 새로운 기하학이 등장했다. 바로 비유클리드 기하학인데, 여기에서는 한 점을 지나며 이 직선에 평행한 직선이 하나 이상 존재할 수 있다. 비유클리드 기하학은 유클리드 기하학의 견고한 권위 때문에 처음 등장했을 때는 사람들로부터 많은 주목을 받지 못했지만 독일의 수학자 리만에 의해 체계화되면서 새로운 기하학으로 자리를 잡게 되었다. 이제는 비유클리드 기하학이 유클리드 기하학보다 훨씬 다양한 기하학의 세계를 이끌어가고 있다. 리

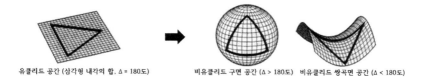

유클리드 공간 (삼각형 내각의 합, Δ = 180도)　　　비유클리드 구면 공간 (Δ > 180도)　비유클리드 쌍곡면 공간 (Δ < 180도)

만 기하학은 평탄한 공간뿐만 아니라 휘어진 공간에 대한 성질도 함께 다룬다. 공간의 휘어진 정도를 곡률이라고 하며, 곡률의 특징에 따라 공간은 크게 세 가지로 구분할 수 있다. 만약 곡률이 0이면 유클리드 기하학이 만족하는 평탄한 공간, 곡률이 +1이면 비유클리드 기하학이 만족하는 타원형 공간 그리고 −1이면 쌍곡선 공간이다.

구의 표면이나 말안장과 같은 곡률을 가진 공간에 그려진 삼각형들을 보면 평평한 종이 위에 그려놓은 삼각형과는 확연한 차이를 느낄 수 있다. 삼각형을 이루고 있는 각 변들이 직선이 아닌 곡선 모양을 하고 있다. 그래서 유클리드 기하학이 적용되는 평탄한 공간에서는 삼각형 내각의 합이 180도 이지만 비유클리드 기하학을 따르는 이들 두 경우에는 180도보다 크거나 작다는 것을 알 수 있다. 또한 각각의 공간에서 정의되는 직선의 모양도 서로 다르다. 유클리드 기하학에서는 직선을 '두 점을 잇는 최단거리'로 또는 곧은 선으로 정의한다. 그럼 비유클리드 기하학에서의 직선은 어떻게 정의될까? 구면이나 말안장 공간에서는 두 점을 잇는 최단거리가 더 이상 직선이 아닌 곡선모양을 하고 있다. 하지만 이 곡선들 역시 자신이 놓여있는 공간에서는 두 점을 잇는 최단거리가 된다. 따라서 비유클리드 기하학을 고려할 때는 직선에 대한 정의를 선의 곧음과 휨이 아닌 '주어진 공간에서 두 점을 잇는 최단거리'로 재정의해야 된다. 이렇게 공간의 모양과 무관하게 좀 더 일반적인 용어로 정의되는 직선을 '측지선'이라고 한다. 이처럼 휘어진 공간과 평탄한 공간은 완전히 다른 기하학적 특징을 가지고 있다. 일반상대성이론에서는 휘어진 시공을 다루기 때문에 당연히 비유클리드 기하학에 따라 시공간의 특징을 기술하게 된다. 빛의 진행과 측지선 사이의 관계를 예로 들어보면 빛은 언제나 주어진 공간에서의 최단경로를 따라 진행하기 때문에 평탄한 공간에서는 직선으로, 곡률을 가진 공간에서는 휘어진 경로를 따르게 된다. 즉, 빛은 측지선을 따라 진행한다고 할 수 있다. 일반상대성이론의 장방정식은 시공간의 곡률을 다루기 때문에 휘어진 시공간이 일반상대성이론의 주 무대가 된다. 일반상대성이론은 리만의 휘어진 시공간 무대에서 펼쳐는 우주의 대서사적 공연의 시나리오인 동시에 감독이라 할 수 있다.

77

태양 주위의 공간은 어떤 곡률을 가지고 있는가?

태양 주위를 지나는 빛 역시 측지선을 따라 진행한다. 우리는 빛이 태양 주위를 지날 때 휘어진 경로를 따라 진행한다는 사실을 이미 잘 알고 있다. 이 결과는 태양 주의의 공간이 평탄하지 않고 곡률을 가지고 있음을 보여주는 증거이기도 하다. 하지만 이 곡률이 구면인지 아니면 말안장 모양인지를 어떻게 알 수 있을까? 지금부터 태양주위의 공간이 양의 곡률을 가졌는지 아니면 음의 곡률을 가졌는지를 한번 조사해 보자. 이것을 증명하기 위해 약간의 사고실험을 할 텐데, 우선 무대를 꾸며보자. 지구, 화성 그리고 금성이 태양 주위에 배치되어 있고 또 각 행성에는 관측자가 한사람씩 있다. 이들 관측자들은 서로 다른 행성에서 오는 빛이 어떤 각도로 자신의 행성에 도달하는지를 측정하게 된다. 이렇게 측정한 결과를 이용하여 상대방 행성에서 오는 빛의 경로를 그려 세 행성을 연결하는 측지선을 얻을 수 있고 이것을 연결하면 세 행성을 잇는 삼각형을 만들 수 있다. 세 측지선이 이루는 삼각형의 내각의 합이 180도보다 큰지 아니면 작은지를 조사하여 곡률이 양인지 음인지를 결정할 수

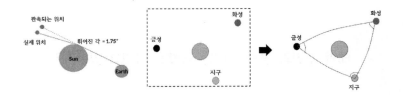

있다. 일식실험을 통해 태양 근처를 지나는 빛이 볼록하게 휜다는 사실은 이미 밝혀져 있다. 이상의 결과들을 종합해 보면 세 개의 측지선으로 이루어진 삼각형은 볼록한 모양을 하고 있으며 그래서 내각의 합은 180도 보다 크게 된다.

　세 측지선으로 이뤄진 삼각형 내각의 합이 180도 보다 크다는 것은 태양 주위의 공간이 양의 곡률로 휘어져 있다는 것을 의미한다. 따라서 태양 주위를 지나는 빛뿐만 아니라 행성이나 혜성과 같은 천체들도 양의 곡률을 가진 측지선을 따라 운동하게 된다. 이처럼 태양이나 블랙홀 같은 천체들 주위의 공간은 양의 곡률을 가진 것으로 알려져 있다. 하지만 우주공간을 횡단하는 빛들의 대부분이 거의 직선 경로를 따라 진행하기 때문에 이것은 우주공간의 곡률이 0으로 거의 평탄하다는 것을 의미한다. 우주를 마치 하늘에서 바라본 바다와 점점이 떠 있는 섬들로 생각해 보면, 넓은 바다는 평탄한 공간, 그 속에 있는 작은 섬들은 질량을 가진 별들로 그리고 섬들 주위를 맴도는 높은 파도는 격렬하게 요동치는 시공간의 곡률로 볼 수 있다. 밤하늘을 올려다보면 점점이 밝게 빛나는 별들이 저 광활한 우주의 대양을 가득 채우고 있을 것 같지만 사실은 텅 빈 공간이 우주의 주인이다. 그러나 한편으론 별 근처에서는 시공의 곡률이 복잡하게 얽히고설키면서 저마다의 춤을 추고 있다. 그곳이 바로 별들의 요람이요 우주의 등대다.

78

별에서 탈출하는 빛, 파장이 길어진다.

저 멀리서 우리를 향해 달려오는 차의 경적소리와 또 우리로부터 멀어질 때의 경적소리를 들어 본 적이 있을 것이다. 우리를 향해 달려올 때는 점점 커지다가 멀어질 때는 다시 낮아진다. 이처럼 관측자와 음원 사이의 상대운동 때문에 소리의 높낮이, 즉 주파수가 높아졌다 낮아졌다하는 현상을 '도플러효과(doppler effect)'라고 한다. 빛도 소리와 같은 파동의 성질을 가지고 있기 때문에 빛이 우리를 향해 접근하거나 멀어질 때도 역시 도플러효과를 적용할 수 있다. 파동인 빛의 에너지는 진동수와 파장에 따라 달라지는데, 진동수가 높으면 에너지도 커지고 진동수가 낮으면 에너지도 작아진다. 단 빛의 속도, 즉 광속은 항상 일정하고 또 광속은 주어진 빛의 진동수와 파장의 곱으로 주어지기 때문에 진동수와 파장은 항상 반비례 관계에 있다. 따라서 파장이 길면 진동수는 낮아지고 그래서 에너지도 작아진다. 예를 들어 빨간색과 보라색을 비교해 보면 빨간색은 파장이 길고 진동수는 작은 반면 보라색은 파장이 짧고 진동수가 크다. 그래서 파장이 길어지면 에너지가 줄어들지만 파장이 짧아지면 에너지는 증가하게 된다. 소리처럼 관측자와 광원 사이의 상대운동 때문에 빛의 파장도 길어지거나 짧아질 수 있는데, 이것이 바로 빛의 도플러효과다. 도플러효과처럼 중력에 의해서도 빛의 파장이 달라질 수 있는데, 여기에는 '중력적색편이'와 '중력청색편이'가 있다. 우주선이 지구를 탈출하기 위해서는 아주 큰 로켓발사체가 필요하듯이 빛도 마찬가지로 강한 중력을 벗어나기 위해서는 에너지가 필요하다. 이렇게 빛이 강한 중력을 벗어나면서 잃은 에너지는 파장의 변화로 나타나고, 그 결과 손실된 에너지만큼 파장이 길어진다. 에너지를 잃어 파장이 길어지는 것을 파장이 긴 쪽으로 치우쳤다 해서 '중력적색편이'라고 하며, 반대로 빛이 중력이 강한 별 쪽으로 향할 때는 그 만큼 에너지를 얻어 파장이 짧아지기 때문에 이 경우에는 '중력청색편이'라고 한다. 중력적색편이는 백색왜성이라는 별에서 얻은 흡수스펙트럼에서 처음으로 관측되었는데, 하버드 대학의 제퍼슨타워실험실에서 감마선을 이용한 실험을 통해서도 확인되었다. 이 실험을 간단히 살펴보면 다음과 같다. 높이가 h인 타워 아래에 감마선을 방출하는 선원을 두고 타워 위에서 감마선의 파장을 측정한다. 타워 위와 아래에서 측정한 감마선의 파장을 비교해서 중력적색편이를 조사하는 것이 이 실험의 목적이다.

이 실험을 통해 타워 아래에서 출발한 빛의 파장이 위로 갈수록 길어지는 것이 관측되었으며, 이때 감마선의 파장 변화가 지구의 중력을 벗어나기 위해 소모한 에너지와 정확히 일치한다는 사실이 밝혀졌다. 이 현상을 상대성이론을 적용하여 좀 더 구체적으로 알아보자. '중력이 시간의 흐름을 느리게 한다.' 편에서 살펴본 것처럼 중력이 강한 곳일수록 시간의 흐름이 느려진다. 이 사실과 광속불변원리를 조합하면 중력적색편이 현상이 왜 일어나는지 그 이유

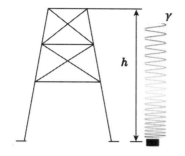

를 좀 더 명확하게 알 수 있다. 빛의 속도는 '진동수(f)×파장(λ)'
으로 주어지며 빛의 속도는 항상 일정하기 때문에 진동수와 파장은
서로 반비례한다. 그리고 진동수(f)와 주기(T)는 서로 역수관계에
있기 때문에 항상 $Tf = 1$을 만족한다. 이것을 이용하여 높이가 서
로 다른 두 위치에서의 빛의 주기, 진동수 그리고 파장을 한번 비
교해 보자.

지표면에서는 고도가 높은 곳보다 중력이 더 강하기 때문에 시
간은 더 느리게 흐르고 그래서 주기는 짧아진다. 주기와 진동수는
반비례하기 때문에 지표면에서는 진동수가 증가하게 된다. 반면에
고도가 높아지면 중력의 세기가 그만큼 약해지면서 시간은 지표면
에 비해 점점 더 빨리 흐르게 된다. 즉, 시간지연이 지표면에 비해
점점 작아지게 되고 그 결과 주기는 길어지고 진동수는 줄어든다.
이제 두 위치에서의 상대적인 파장변화를 한 번 살펴보자. 지표면
에 비해 고도가 높은 곳에서는 상대적으로 진동수가 낮아지기 때문
에 도리어 파장은 길어지게 된다. 이것이 바로 중력적색편이로 지
표면에 있던 빛이 중력을 벗어나기 위해 잃은 에너지가 파장의 변

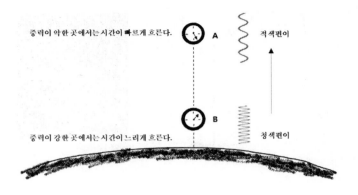

중력이 약한 곳에서는 시간이 빠르게 흐른다.　　　Ａ　　　적색편이

중력이 강한 곳에서는 시간이 느리게 흐른다.　　　Ｂ　　　청색편이

화로 나타난 결과이다. 마찬가지로 높은 고도에서 지표면으로 빛이
진행할 때는 시간지연이 많이 일어나 주기가 짧아지는 대신 진동수
는 증가한다. 진동수가 증가하면 파장은 짧아지기 때문에 이 경우
에는 중력청색편이가 나타난다. 이때의 파장변화 역시 빛이 중력이
강한 곳으로 진행하면서 얻게 되는 에너지와 정확하게 일치한다.
우리에게 익숙한 도플러효과가 중력에 의해서도 일어날 수 있다는
사실이 아주 신기하기만 하다. 빛의 파장이 상대운동에 따라서도
달라질 수 있고 또 중력에 의해서도 달라질 수 있는데 그 원인은
다름 아닌 시간지연효과와 광속불변원리다. 지금까지 우리는 빛의
색이 절대적이라고 생각하고 또 그렇게 알고 있었는데, 이것마저
상대운동이나 중력에 의해 다른 색으로 보일 수 있다고 하니 눈에
보는 것이 반드시 진실이라고 할 수도 없을 것 같다. 상대성! 아이
러니하게도 이것이 우주의 절대성인 듯싶다.

79

수성 근일점의 위치변화, 세차운동

케플러의 행성운동 제1법칙에 따르면 모든 행성은 태양을 하나의 초점으로 하는 타원궤도를 따라 공전한다. 이때 타원궤도를 따라 한번 공전할 때마다 행성이 태양에 가장 가까이 접근하는 근일점의 위치가 조금씩 변한다는 사실이 발견되었다. 이런 현상을 행성 궤도의 '세차운동'이라고 한다. 타원궤도가 완전하게 닫혀있지 않고 한 번 공전 할 때마다 궤적이 달라진다는 것은 거기에 뭔가 다른 이유가 있어 보인다. 그 이유로 다른 행성들에 의한 중력의 영향을 들 수 있다. 각 행성들은 태양뿐만 아니라 다른 행성들에 의한 중력의 영향을 동시에 받기 때문에 세차운동이 일어날 수 있다는 것이다. 따라서 행성들의 궤도운동을 명확히 이해하기 위해서는 주위 행성들의 중력효과를 반드시 고려해야만 한다. 태양에 가장 가까운 수성의 경우 곡률반지름이 가장 작아 공전주기가 가장 짧고 그래서 근일점의 이동이 가장 잘 드러나기 때문에 행성의 세차운동을 조사하는데 가장 적합한 행성이라고 할 수 있다. 아래 오른쪽 그림은 태양에 가장 가까이 접근할 때마다 근일점이 아주 조금씩 이동하는

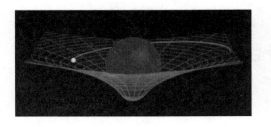 

것을 보여준다.

수성 근일점의 세차운동의 경우 세차운동이 한번 완성되는데 걸리는 시간은 대략 25만년 정도이다. 1800년 초 천문학자들이 뉴턴의 중력이론으로 수성의 세차운동을 계산한 결과 1세기에 574초 (1초 = 1/60도) 이었다. 하지만 뉴턴의 중력법칙에 따라 계산한 결과와 실제 관측결과 사이에는 43초 정도의 오차가 발생했다. 뉴턴의 중력이론만으로는 해결할 수 없었던 이 문제는 결국 아인슈타인에게로 넘겨졌으며, 이 오차를 설명하기 위해 아인슈타인은 일반상대성이론을 수성의 세차운동에 적용시켜보았다. 일반상대성이론에 따르면 질량은 공간을 휘게 만드는데 그래서 태양 근처에서는 곡률이 최대가 되고, 태양에서 멀어질수록 곡률은 작아지다가 태양의 중력이 거의 미치지 않는 곳에서는 곡률이 거의 사라지면서 평탄해

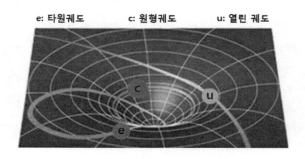

e: 타원궤도   c: 원형궤도   u: 열린 궤도

진다. 그렇기 때문에 태양에 가장 가까운 수성의 경우 세차운동의 효과가 극대화되기 때문에 아인슈타인은 일반상대성이론을 적용할 수 있는 최적의 후보로 수성을 선택한 것이다. 결국 아인슈타인은 시공의 곡률을 이용하여 뉴턴의 중력이론으로 해석할 수 없었던 43초의 원인을 너무나 완벽하게 해결했다. 결국 수성 궤도의 세차운동은 뉴턴의 중력이론이 아닌 아인슈타인의 시공의 곡률에 의해서만 설명이 가능한 현상이었다.

80

일반상대성이론의 결정체, 블랙홀

일반상대성이론에 따르면 뉴턴이 생각했던 것과는 달리 중력은 힘이 아니고 시공의 뒤틀림 그 자체였다. 모든 물체는 시공을 따라 운동하는데, 곡률이 없는 평탄한 시공에서는 속도변화가 없는 등속운동을, 그리고 곡률을 가진 시공에서는 마치 힘을 받는 것처럼 가속운동을 하게 된다. 따라서 가속도의 크기는 시공이 휘어진 정도에 따라 결정되며, 이런 시공의 곡률에 대한 정보는 앞 절에서 살펴본 것처럼 '계량텐서'를 통해 알 수 있다. 장방정식에 따르면 질량이 클수록 주위 시공의 곡률도 커지는데 프랑스 수학자 라플라스는 질량이 너무 커 빛조차 빠져나올 수 없을 정도로 중력이 어마어마하게 큰 천체가 존재할 수 있다고 주장했는데, 실제로 슈바르츠쉴트는 일반상대성이론을 이용하여 이 천체의 존재를 수학적으로 증명했다. 슈바르츠쉴트는 일반상대성이론을 이용하여 빛을 가둘 수 있을 정도로 극도로 시공을 변형시킬 수 있는 천체의 반지름을 이론적으로 계산했는데, 이 반지름을 '슈바르츠쉴트 반지름'이라고 한다. 이렇게 빛조차 빠져나올 수 없을 정도로 시공을 어마어마하게 변형시키는 천체를 '블랙홀'이라고 한다. 수학적으로 블랙홀의 크기는 0이고 밀도는 무한대인 그러나 유한한 질량을 가진 그런 천체이다. 블랙홀은 이처럼 특이한 천체다. 슈바르츠쉴트 반지름 내부로 부터는 빛을 포함해 그 어떤 것도 탈출할 수 없기 때문에 바깥 세계와의 정보교환이 불가능하고 그래서 이 반지름을 경계로 내부에서 일어나는 사건들에 대한 그 어떤 정보도 알 수 없게 된다. 따라서 슈바르츠쉴트 반지름을 '사건의 지평선'이라고도 한다. 마치 수평선 너머로는 아무런 정보를 알 수 없는 것처럼 사건의 지평선에도 그런 의미가 담겨있다. 이론적으로만 예측된 모든 정보를 가두기만 하는 아주 기묘한 천체, 호기심으로 한껏 들뜬 어린아이들처럼 전 세계의 천문학자들은 우주 어딘가에 있을 블랙홀을 찾아 밤하늘을 뒤지기 시작했다. 1971년 인공위성을 통해 아주 강력한 X-선을 방출하는 최초의 블랙홀 후보가 발견되었으며, 백조자리에 위치해 있기 때문에 '백조자리 X-1'으로 명명되었다. 이 블랙홀 후보는 두 별로 이루어진 이중성이다. 주위에 있는 별로부터 가스가 블랙홀로 끌려들어가는 모습을 아래 그림에서 볼 수 있다.

태양과 같이 질량이 작은 별들의 경우 시공의 변형이 작아 별 근처를 지나는 빛은 조금 휘어진 경로를 따라 스쳐지나 갈 뿐이지만 블랙홀처럼 시공을 거의 무한대로 변형시키는 경우에는 이 주위를 지나는 빛은 블랙홀에 빨려 들어가 절대로 빠져나올 수 없게 된다. 마치 거미지옥처럼 한 번 발을 담구면 절대 빠져나올 수 없는 그런 무시무시한 별이 바로 블랙홀이다. 시공의 마술이 시작되는 출입구이기도 하다. 2019년 4월 천문학자들은 최초로 블랙홀의 영상을 촬영하는데 성공했다. 아래 사진의 주인공은 메시에 목록의

태양　　백색왜성　　중성자성　　블랙홀

사상의 지평선

M87 은하에 있는 초거대 블랙홀로 4월5일에서 4월11일 사이의 밝기 변화를 보여주는 영상이다.

빛의 띠가 블랙홀을 감싸고 있는 것을 볼 수 있다. 이 영상은 ETH라는 전파망원경을 이용해 얻은 것인데, ETH (Event Horizon Telescope)는 애리조나, 하와이, 멕시코, 칠레, 스페인 그리고 남극 등에 있는 전파망원경들의 가상네트워크로 구성된 전 지구적 망원경이라 할 수 있다. 이론으로만 존재했던 그리고 항상 가상의 후보로서만 다뤄졌던 천체인 블랙홀 주변의 실제 모습을 담

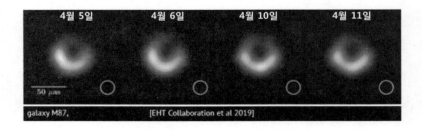

은 최초의 영상이다. SF 영화 '인터스텔라'에서 묘사한 블랙홀을 보면 이 영상과 거의 비슷하다는 것을 발견하게 된다. 이론을 근거로 인간의 상상력이 만들어 낸 이미지와 블랙홀의 증명사진이 거의 같다는 사실에 과['-/학의 힘, 인간의 능력에 또 한 번 놀라게 된다. 인간의 상상이 또 한 번 실현되는 순간이다. 베일에 싸였던 블랙홀의 실체가 드러나는 과정을 통해 인류가 문명을 어떻게 발전시켜왔는지 그 일면을 조금이나마 엿볼 수 있을 것 같다. 빛을 통째로 삼켜버리는 블랙홀의 실체가 빛을 통해 밝혀졌다. 또 빛이다. 온 우주를 가득 채우고 있는 이 빛은 우리를 또 어디로 안내할까? 혹 우리가 가고 있는 이 길이 어쩌면 빛이 인도하는 그 길이 아닐까? 끊임없이 빛에 대한 상상의 나래를 펴보자.

블랙홀의 구조

블랙홀은 아주 특이하고, 이상한 성질을 가진 천체다. 왜냐하면 블랙홀은 '특이점'이라고 하는 이상한 수학적 특성을 가지고 있기 때문이다. 특이점이란 수학적으로 정의가 불가능한 점을 말한다. 예를 들어 실수영역에서 $\sqrt{1-x}$ 를 만족하는 x의 범위는 $x \geq 1$일 때로 만약 제곱근의 값이 1보다 작으면 허수가 되어 함수로 정의할 수 없으며, 또한 $1/(r-R)$는 $r = R$인 점에서는 분모가 무한대가 되어 함수로서의 의미가 사라지게 된다. 이와 같이 수학적으로 정의할 수 없거나 정의되지 않는 점을 '특이점'이라고 한다. 앞 절에서 우리는 시공간이 변하더라도 바뀌지 않는 것이 있다고 했는데, 바로 '두 점 사이의 간격'이다. 또한 시공간의 기하학적 구조에 대한 정보는 계량텐서 속에 들어있다는 것도 앞 절에서 살펴보았다. 슈바르츠쉴트가 얻은 블랙홀 주변 시공간의 '두 점 사이의 간격'이 반지름 $r = 0$일 때와 별의 반지름이 슈바르츠쉴트 반지름(R_s)과 같을 때, 즉 $r = R_s$일 때 무한대가 되는 두 개의 특이점을 가진다. 이 두 특이점에서는 시공간의 곡률이 무한대가 되기 때문에 중력 또한 무한대가 된다. 무한대의 중력이라는 것은 존재할 수 없는 것이기 때문에 실제 계산에서는 이 특이점들을 제외하게 된다. 이런 이유로 블랙홀은 다른 천체들과 구별되는 아주 이상하고 특이한 천체이다. 블랙홀이 가진 몇몇 특징들을 한번 살펴보자.

(1) 사건의 지평선

블랙홀의 특이점 중 하나인 가상의 영역으로 반지름이 슈바르츠쉴트 반지름과 같은 블랙홀의 표면영역이다. 이곳을 경계로 블랙홀 내부의 그 어떤 사건에 대한 정보도 알 수 없게 된다. 마치 수평선 너머의 보이지 않는 세계와 같다.

(2) 반지름이 0인 특이점

거대한 별이 블랙홀 중심에 있는 한 점으로 붕괴할 때 모든 물질들이 이 점으로 떨어지기 때문에 무한대의 밀도를 가질 것으로 예상되는 가상의 중심점이다.

(3) 블랙홀 크기와 질량

블랙홀의 크기는 질량에 비례하며, 질량이 클수록 블랙홀의 슈바르츠쉴트 반지름, R_s도 함께 증가한다.

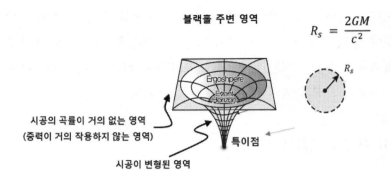

블랙홀 주변 영역

$$R_s = \frac{2GM}{c^2}$$

Ergoshpere

Event
Horizon

R_s

시공의 곡률이 거의 없는 영역
(중력이 거의 작용하지 않는 영역)

특이점

시공이 변형된 영역

82

아인슈타인의 예언, 중력파의 존재

전기를 띤 입자가 가속운동을 하면 주위 공간으로 전자기파를 발생시킨다. 마찬가지로 질량을 가진 물체가 가속운동을 하거나 두 별이 충돌하면서 질량이 급격히 변하는 경우에도 중력장의 요동인 중력파를 발생시킨다. 일반상대성이론에서 중력은 시공의 곡률과 같기 때문에 중력파는 곧 시공의 요동이 퍼져가는 것과 같다. 따라서 중력파가 지나가는 길목에서는 시간과 공간이 늘었다줄었다 하며 변형이 일어나게 된다. 그러나 이런 시공간의 요동이 너무나 미약해 검출이 쉽지가 않다. 하지만 과학자들은 지구로 부터 1억 광년 이상 멀리 떨어진 곳에서 발생하는 중력파의 미약한 신호를 검출할 수 있는 아주 정교한 장치를 고안하여 실험에 착수했다. 레이저 간섭계 중력파관측소(LIGO) 또는 '라이고'라고 부르는 이 관측소는 캘리포니아공대의 킵 손과 로널드 드리버 그리고 매사추세츠공대의 라이너 웨이스가 1992년 공동으로 설립하였으며, 2000년부터 본격적으로 중력파를 찾으려는 국제공동연구의 전초기지가 되었다. 라이고의 기본 구조는 에테르를 찾기 위해 마이켈슨-몰리가 사용한

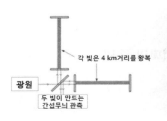

LIGO, 라이고의 전경

간섭계와 같다.

중력파, 즉 시공간의 요동이 간섭계를 지날 때 두 거울 사이의 거리가 늘어나기도 하고 줄어들기도 한다. 이런 변화 때문에 광원에서 출발한 빛이 거울 사이를 왕복하는데 걸리는 시간도 영향을 받게 된다. 따라서 거울 사이를 왕복하는데 걸린 시간의 변화는 거울 사이의 거리 변화로 나타나고, 이런 변화를 측정했다는 것은 곧 중력파를 검출한 것과 같다. 급기야 라이고는 2015년 이와 같은 변화를 측정하여 중력파의 존재를 최초로 증명했다.

2017년 노벨 물리학상은 라이고를 이용해서 중력파를 검출하는 데 중요한 역할을 한 세 과학자 '라이너 바이스, 배리 C. 베리시 그리고 킵 S. 손'에게 돌아갔다. 라이고에서 검출된 중력파는 지구로부터 13억 광년 떨어진 곳에 있는 두 개의 블랙홀이 충돌하면서 만들어 낸 시공간의 요동이었던 것이다. 또 한 번 아인슈타인의 일반상대성이론이 빛을 발하는 역사적 순간이다.

83

광속에 가까운 속도로 달리면 우주는 어떻게 보일까?

우리 모두 우주선을 타고 있다고 상상해 보자. 거의 광속에 가까운 속도로 달려가면서 바깥을 쳐다보면 어떻게 보일까? 우주선에서 볼 수 있는 것은 주위 별들로부터 오는 빛뿐이다. 따라서 이 물음은 우리들에게 쏟아져 들어오는 빛들이 어떻게 보일까하는 것과 같다. 우주선이 아주 빠르게 달려가고 있기 때문에 여기서 고려해야 할 점이 있는데, 바로 광행차와 도플러효과다. 먼저 광행차 효과에 대해서 알아보자. 빗속을 뛰어가면서 앞을 보면 빗방울이 자신을 향해 비스듬히 떨어지는 것을 보게 되는데, 이런 현상을 광행차라고 한다. 이 때 빗방울의 비스듬한 정도는 달리는 속도에 따라 결정된다. 빨리 뛸수록 빗방울은 달리는 사람을 향해 점점 더 기울어진 채로 떨어진다. 빛의 경우도 마찬가진데, 광행차 때문에 아주 빠른 속도로 태양 주위를 공전하는 지구에서 별을 관측하면 별의 위치가 원래 위치에서 벗어나 비스듬히 보이게 된다. 이런 광행차효과 때문에 우주선이 달려가는 쪽에 있는 별빛들은 마치 우주선 쪽으로 쏟아지는 것처럼 보이게 되고, 반대로 우주선으로 부터 멀어지는 뒤쪽의 별빛들은 듬성듬성하게 보이게 된다. 우주선의 속도에 따라

① 정지한 우주선
v=0

② 광속의 절반 속도
v=0.5c

③ 광속의 99% 속도
v=0.99c

④ 스타워즈 속의 광행차 효과

우주선에서 보게 되는 모습을 단계별로 묘사하면 다음과 같다.

공상과학영화에서 이런 광행차 효과를 곧잘 사용하곤 한다. 이 것에 더해 우주선이 거의 광속으로 비행하기 때문에 우주선에서 볼 때 주변의 모습들이 어마어마하게 빠르게 스쳐지나 갈 것 같지만 실제로는 시간지연효과 때문에 우주선을 타고 있는 우리들에게는 우주선 바깥의 모습이 마치 슬로우비디오를 보는 것처럼 아주 느리 게 진행되어 보인다. 결국 수많은 빛들이 우주선을 향해 천천히 쏟 아지는 것을 관측하게 된다. 그래서 스타워즈나 스타트랙 같은 SF 영화에서는 우주선이 광속비행에 돌입하는 순간을 묘사할 때 주위 를 온통 빛의 터널로 에워싸는 것이 바로 이런 이유에서다.

84

광속에 가까운 속도로 달리면 별들의 색은 어떻게 보일까?

이번에는 도플러효과를 고려해 보자. 도플러효과 때문에 별이 관측자로 부터 멀어질 때는 별빛의 파장이 더 긴 쪽으로 그리고 관측자를 향해 달려올 때는 별빛의 파장이 더 짧은 쪽으로 스펙트럼 편이가 일어나는데, 파장이 긴 쪽으로 편이 된다고 해서 적색편이, 그리고 파장이 짧은 쪽으로 편이 된다고 해서 청색편이라고 부른다. 예를 들어 청색편이의 경우에 푸른빛을 띠는 별은 파장이 더 짧은 자외선 쪽으로 편이가 일어나 우리 눈으로는 더 이상 볼 수 없게 되고, 또 적외선을 주로 방출하기 때문에 눈에 보이지 않던 별들은 적외선 보다 파장이 짧은 빨간색으로 보이기 시작한다. 이와 같이 도플러효과 때문에 별의 색이 수시로 달라져 보이기 때문에 우주선 바깥의 풍경이 스펙터클하게 보인다. 아래 이미지는 겨울철 밤하늘을 대표하는 오리온 별자리를 이루고 있는 4개의 별을 보여주고 있는데, 왼쪽 위에 보이는 밝은 별은 베텔기우스, 그리고 오른쪽 아래 보이는 밝은 별은 리겔이다. 이 별자리를 향해 우주선의 속도를 점점 높여가며 별들을 바라보면 어떤 변화를 만나게 될까? 도플러효과에 의한 청색편이 때문에 베텔기우스의 적외선은 붉은색 쪽으로 편이 되면서 눈으로 볼 수 있는 빛의 양이 증가하게 되고 그 결과 점점 밝아 보이지만 리겔의 경우는 청색이 자외선이나 엑스선으로 편이 되기 때문에 가시광선의 양이 점점 줄어들어 희미해져 보이게 된다. 여기에 더해 어두워서 잘 보이지 않던 별들도 청색편이에 의해 점점 밝아지면서 선명하게 보이기 시작할 것이다. 속도를 점점 높여가며 바라 본 오리온 별자리의 변화를 아래 그림에서 확인할 수 있다. 조금 혼란스러울 수 있지만 달리기만 해도 현란한 빛의 축제를 즐길 수 있다. 우리들의 움직임에 빛들도 함께 동참한다. 우주는 이렇게 서로 얽혀있다.

① 정지한 우주선　　　　② 광속의 절반 속도　　　　③ 광속의 99% 속도

85

타임머신과 시간여행

시간여행은 상대성이론을 이야기 할 때 빠지지 않고 등장하는 단골 메뉴로 SF 영화의 대표적인 소재 중의 하나다. 사람들은 왜 시간여행에 흥미를 느낄까? 이미 지나온 과거로 다시 한 번 돌아가고 싶다는 생각 아니면 아직 오지도 않은 다가올 미래로 여행을 해 보고 싶다는 생각? 우리는 왜 이런 생각을 하고 또 그렇게 흥미 있어 하는 걸까? 혹 시간의 변화가 우리들의 삶과 죽음 그리고 존재와 가장 직결되는 문제이기 때문에 본능적으로 호기심이 발동해서 그런 것인지 조금은 철학적인 관점이지만 어쨌든 흥미로운 주제인 것만은 사실이다. 그런데 시간여행이 그저 단순한 상상인지 아니면 정말 가능한 일인지가 문제이다. 지금부터 이 궁금증을 하나씩 풀어가 보자. 시간은 '과거−현재−미래'로만 흘러간다고 알고 있는데, 과거현재미래가 순서도 없이 뒤죽박죽 섞여 있는 그런 시간이 가능하기나 한 걸까? 상대성이론에서는 시간이 절대적이지 않고 상대적인 물리량이기 때문에 그래서인지 시간여행을 자연스럽게 상상하는 것이 아닐까 싶다. 가능할지 어떨지 모르겠지만 일단 시간여행을 한번 떠나보자. 조금은 무모한 것 같지만 어쨌든 도전해 보는 것이

답을 찾을 수 있는 가장 빠른 지름길이 아닌가 싶다. 여행을 하려면 운송수단을 먼저 준비해야 된다. 시간여행을 위해서는 무엇을 타고가야 할까? 어쨌든 시간을 가로질러 여행을 할 수 있는 장치여야 하니까 '타임머신'이라고 하자. 타임머신을 타기만 하면 시간여행이 가능해야 된다. 따라서 타임머신이 반드시 기계장치일 필요는 없으며, 시간여행이 가능하기만 하면 그 어떤 것도 타임머신이 될 수 있다. 어떻게 하면 타임머신을 얻을 수 있는지 몇몇 방법을 한번 살펴보자.

(1) 시간지연효과를 이용한 타임머신

쌍둥이역설에서 살펴봤듯이 쌍둥이 중 한 사람이 거의 광속으로 우주여행을 하고 돌아왔을 때 자신보다 나이가 든 쌍둥이 형제를 발견하게 된다. 이 경우 우주여행을 하고 돌아 온 사람 입장에서는 시간이 훨씬 지난 세계에 다시 돌아 왔기 때문에 마치 미래에 와 있다고 생각할 수 있다. 이것이 바로 미래로의 여행을 가능하게 하는 하나의 타임머신이다.

(2) 중력을 이용한 타임머신

지구보다 중력이 큰 별에서는 지구보다 시간이 더 느리게 흐른다. 이렇게 중력이 클수록 시간의 흐름이 느려지기 때문에 중력을 이용해서 시간의 흐름을 조절할 수 있다. 빛조차 빠져나올 수 없을 정도로 중력이 큰 별이 있다. 바로 블랙홀이다. 중력이 어마어마하게 큰 블랙홀 근처로 가면 거의 시간이 흐르지 않는다. 그래서 블랙홀 근처에 잠시 머문 뒤 지구에 돌아오면 지구에서는 이미 몇 백 년이 흐른 뒤의 미래가 되어 있을 것이다. 이렇게 중력을 이용하면 미래로의 여행이 가능하기 때문에 중력을 이용하는 방법도 또 하나의 타임머신이 될 수 있다.

그런데 시간여행을 어렵게 아니 불가능하게 할지도 모르는 큰 걸림돌이 있는데, 그것은 바로 과거로의 여행이다. 과거로의 여행에는 과학적으로 불가능한 본질적인 문제가 있다. 바로 '인과율'이다. 원인과 결과는 반드시 시간 순서에 따라 결정되는 자연의 법칙이라 할 수 있는데, 만약 과거로의 여행이 가능할 경우 결과가 원인에 앞서는 그런 모순이 발생하게 된다. 따라서 SF 영화에서처럼 타임머신을 타고 과거로 여행하는 것 자체가 인과율이라는 견고한 장벽 때문에 불가능할지도 모른다. 인과율 외에도 엔트로피 증가법칙에 의해서도 시간의 흐름은 일방통행으로 제한된다. 즉, 시간은 엔트로피(또는 무질서도)가 증가하는 방향으로만 흘러가야 한다는 것이 열역학 제2법칙의 결과다. 그래서 시간은 과거-현재-미래로만 흘러가야 한다. 이와 같은 문제들을 해결하지 못하면 시간여행은 불가능하다. 원칙적으로 아직까지는 그렇다.

86

시공간 터널을 통한 시간여행과 인과율

별을 구성하는 물질들이 거의 한 점으로 수축되면서 엄청나게 강한 중력을 만드는 특이한 별이 바로 블랙홀이다. 블랙홀의 강한 중력 때문에 주위 시공간이 극도로 휘어지면서 시공간 통로가 생길 수 있는데, 이것을 '웜홀'이라고 한다. 따라서 웜홀은 서로 멀리 떨어져 있는 시공간을 연결하는 시공간의 다리 또는 지름길로 서로 다른 우주를 가로지르는 통로가 될 수 있다. 하지만 웜홀에는 끔찍한 위험이 도사리고 있는데, 웜홀에 진입하는 그 어떤 물질도 어마어마한 중력 때문에 급격한 붕괴의 위험과 또 내부의 엄청난 복사에너지를 피할 수 없으며, 게다가 혹시 우리 우주에는 존재하지 않는 이상한 물질들과 접촉할 가능성도 있다. 그리고 원시 웜홀의 이론적인 크기가 거의 10^{-33} cm 정도로 너무 작기 때문에 우주여행을 위한 통로로 사용하기에는 불가능할 뿐만 아니라 웜홀은 또한 생성되자마자 급격히 붕괴하여 사라지기 때문에 역시 우주여행을 위한 통로로는 사용이 거의 불가능하다. 하지만 웜홀 속에 음의 에너지를 가진 물질이나 반중력 물질이 존재할 경우에는 웜홀이 장시간 안정하게 존재할 가능성에 대한 이론적 결과도 있다. 일반상대성이

론으로부터 예측되는 또 다른 시간여행의 가능성은 바로 '화이트홀'
에 있다. 화이트홀은 시간이 거꾸로 흐르는 블랙홀과 같다. 블랙홀
과 화이트홀은 시공간 통로로 서로 연결될 수 있는 가능성을 1935
년 아인슈타인과 로젠이 일반상대성이론의 결과를 이용하여 증명한
바 있다. 지금은 이 시공간 다리를 '아인슈타인－로젠 다리'라고 부
르며, 웜홀의 또 다른 이름이기도 하다.

　이런 시공간터널을 이용하면 통로의 양쪽 출구를 통해 연결된
두 우주 사이를 시간여행 할 수 있다. 하지만 여기에도 여전히 해
결해야 될 많은 문제들이 남아 있지만 과학기술이 좀 더 발전하면
아마 상상이 현실로 바뀌는 순간이 올지도 모르겠다. 조금은 엉뚱
한 이야기지만 우리보다 과학기술이 월등히 뛰어난 우주인들이 아
주 크고 안정적인 웜홀을 만들 수 있다면 이들이 웜홀을 통해 지구
를 방문해서 타임머신 기술을 전수해 주거나 하면 아마도 시간여행
이 가능하지 않을까? 하지만 웜홀을 이용한 시간여행이 가능하더라
도 여기에는 여전히 인과율이라는 장애물이 버티고 서 있다. 인과
율의 파괴는 곧 물리법칙의 파괴다. 마치 영화필름을 거꾸로 돌려
결과와 원인이 180도 뒤바뀌는 상황에서도 이야기가 정상적으로

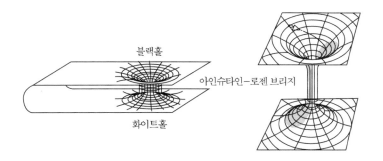

블랙홀

아인슈타인－로젠 브리지

화이트홀

전개되는 것과 같다. 우리 세계에서는 불가능한 시나리오다. 예를 들어 오늘 타임머신을 개발했다고 하자. 100년 전의 과거로 돌아가서 그 시대 사람들에게 타임머신 기술을 가르쳐줬다고 하면 그때부터 타임머신을 만들 수 있게 되어 현재와는 모순이 된다. 아주 잘 알려진 이야기처럼 과거로 돌아가서 역사를 바꿀 수도 있는데, 실제로 바꾸었다고 하더라도 현재는 그것과 관계없이 존재하니까 이것도 또한 모순이다. 이렇게 시간여행은 그 자체로 인과율을 파괴하는 모순을 안고 있다. 인과율이라는 범우주적 원리의 장벽을 넘지 않고서는 시간여행은 영원히 불가능할 지도 모른다.

87

일반상대성이론과 우주의 미래

우주의 미래는 어떻게 될 것인가? 우리 우주는 어디로 가는 것일까? 우주의 끝은 있는지, 있다면 그 너머에는 무엇이 있는지? 이런 끝없는 질문에 대한 해답 역시 일반상대성이론을 통해 찾을 수 있다. 먼저 아인슈타인의 우주관을 살펴보자. 아인슈타인은 우리 우주가 정적일 것이라고 생각하여 '정상우주론' 모형을 주장해 왔다. 밤하늘을 쳐다보면 별들이 언제나 같은 곳에서 빛나고 있는 것을 알수 있다. 아무런 변화 없이! 아마 이런 이유로 아인슈타인이 정상우주론을 고집했는지도 모르겠다. 그런데 정상우주론에는 해결해야 될 문제가 하나 있다. 바로 중력이다. 질량을 가진 천체들 사이에는 항상 서로를 끌어당기는 중력이 작용하고 있기 때문에 우주 그 자체만으론 정적인 상태를 유지하는 것이 불가능하다. 아인슈타인은 이 문제를 해결하기 위해 중력을 상쇄시킬 수 있는 반발력이 필요하다고 생각했다. 이런 이유로 아인슈타인은 중력을 극복할 수 있는 상수항을 장방정식에 임의로 추가하여 정상우주모형의 과학적 근거를 마련했다.

$$R_{\mu\nu} - \frac{1}{2} R g_{\mu\nu} + \Lambda g_{\mu\nu} = \frac{8\pi G}{c^4} T_{\mu\nu}$$

여기 새로 추가된 항 람다(Λ)를 '우주상수'라고 한다. Λ는 중력에 반하는 '반중력효과'를 만들어 중력에 의한 수축을 상쇄시켜 전체 우주의 균형을 맞추는 역할을 한다. 하지만 허블이 별빛의 스펙트럼을 연구하던 중에 우주팽창의 증거인 적색편이를 발견하게 되면서 아인슈타인의 정상우주론은 하루아침에 '팽창우주론'에 자리를 내주고 말았다. 우리 우주는 빅뱅 이후 현재까지 끊임없이 팽창하고 있으며, 팽창이 점점 가속되기까지 하고 있다. 정상우주론은 더 이상 설 곳을 잃었으며, 아인슈타인은 정상우주론을 위해 임의로 추가한 상수항(Λ)을 두고 '내 생애 최대의 실수'라고 까지 했다. 이제 팽창하는 우주로 눈을 돌려보자. 우리 우주의 미래는 어떻게 될까? 우주의 시작이 있었으니 그 끝은 무엇이며, 현재 우리 우주는 어디로 가고 있는 걸까? 이것이 우리 여행의 마지막 질문이다. 우리 우주는 정말 끝없이 팽창할 것인가? 아니면 또 다른 진화의 시나리오가 있는 것일까? 우리 우주가 질량을 가진 보통의 물질들로 가득 차 있다면 중력 때문에 결국은 팽창을 멈추고 다시 수축할 것 같기도 한데, 하지만 아직까지는 팽창하고 있다. 우주팽창의 유형에는 몇 가지 시나리오가 있는데, 이야기들이 어떻게 전개되는지 한번 살펴보자. 은하들이 서로 멀어져 가는 데 필요한 운동에너지와 이들을 다시 끌어당기는 중력에너지의 차이에 따라 팽창의 유형이 결정될 것이다. 첫째로 평탄한 우주가 있는데, 팽창에 필요한 운동에너지가 중력수축에너지와 같은 경우로 우주는 일정한 속도로 영원히 팽창한다. 두 번째로는 가속 팽창하는 열린 우주로, 운동에너지가 중력수축에너지보다 크기 때문에 팽창속도가 점점 증가하면서 영원히 팽창하는 그런 우주다. 마지막 세 번째로는 팽창을 멈추고 다시 수축하는 닫힌 우주로, 운동에너지가 중력수축에너지보다 작아 팽창속도가 점점 줄어들면서 수축하게 되고 결국 대폭발 이전 단계로 돌아가는 그런 우주다. 여기에서 중요한 의문 하나, 그럼 '우리 우주는 어떤 원인에 의해 특정 유형을 선택할 것인가?'이다. 그 원인은 바로 '임계밀도'라는 것인데, 이것은 우주의 팽창을 멈추게 하는 우주 전체 물질의 '평균밀도'이다. 임계밀도(ρ_c)는 허블상수를 이용해서 얻을 수 있으며, 그 값은 한 변이 1m인 정육면체 내에 수소원자 1개가 들어있는 정도의 밀도와 같다. 따라서 우주의 미래는 임계밀도에 대한 실제 우주의 밀도(ρ) 비에 따라 그 운명이 결정된다. 우주의 상대밀도의 비(Ω)는 ρ/ρ_c이다. 만약 $\Omega = 1$이면 평탄한 우주, $\Omega > 1$이면 닫힌 우주 그리고 $\Omega < 1$ 이면 열린 우주가 된다.

우주를 이루고 있는 대부분의 물질은 눈으로 직접 볼 수 없는 암흑물질과 암흑에너지로 가득 차 있다고 알려져 있다. 반면에 눈으로 직접 볼 수 있는 물질은 전체의 5%도 채 안 된다. 밤하늘에 반짝이는 별들을 모두 합치면 우주 전체 물질의 5% 밖에 되지 않는다. 나머지 95%가 암흑물질과 암흑에너지인 셈이다.

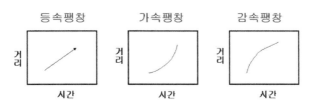

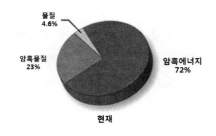

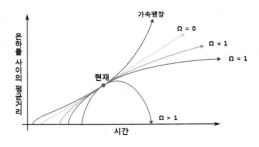

　　이런 암흑물질의 존재는 간접적으로 파악할 수 있는데, 예를 들어 은하를 이루고 있는 별이나 성간기체들의 운동 등에 영향을 끼치는 중력효과를 이용하여 보이지 않는 암흑물질의 존재를 추측할 수 있다. 암흑물질 후보에는 빛을 직접 방출하지 않는 블랙홀, 중성자성, 백색왜성 그리고 행성 등이 있다. 암흑물질은 우주의 총 질량 −에너지 밀도의 약 23 %를 차지하지만 암흑에너지는 72 %나 된다. 그렇기 때문에 우주는 거의 암흑에너지로 채워져 있다고 볼 수 있다. 암흑에너지는 마치 중력에 반하는 척력을 행사하는 음의 반발 압력을 만들어 낼 것으로 예상되는 존재이다. 따라서 암흑에너지는 우주가 가속 팽창하고 있다는 최근 연구 결과의 주된 원인으로 그 중요성이 부각되고 있다. 그리고 암흑에너지는 눈으로 직접 관측할 수 없기 때문에 천체들 사이의 중력효과를 통해 간접적으로 그 존재를 추정한다. 최근에는 암흑에너지를 설명할 수 있는 이론적 근거로 아인슈타인이 인생 최대의 실수라고 했던 그 우주상수(Λ)가 우주론의 해결사로 그 중요성이 더해지고 있다. 왜냐하면 우주를 가속팽창 시킬 수 있는 무엇인가가 필요한데 그 후보가 바로 음의 중력, 또는 암흑에너지 때문에 생기는 반중력이기 때문이다. 아이러니하게도 정상우주를 위해 임의로 추가한 항 Λ가 21세기 들어 우주론의 중심에서 다시 빛을 보게 되었다. 우주론을 연구하는 학자들은 마치 술래가 꼭꼭 숨어 있는 개구쟁이 친구들을 찾아다니듯이 지금 이 순간에도 암흑에너지, 암흑물질과 끝없는 숨바꼭질하고 있다. 우리가 저 먼 우주를 응시하고 있는 이유가 바로 이들의 실체를 찾기 위한 것이다.

88

우주론, 또 다른 신화의 시작

이 책의 첫 서두에서 우주를 '시간과 공간 그리고 빛과 물질들이 서로 어우러져 상호작용하면서 만들어 내는 아름답고 신비한 모든 것'으로 정의했었다. 상대성이론이 시공의 본질과 빛과 물질의 상호변환에 대한 이해를 제공하기 때문에, 상대성이론을 공부한 우리는 이미 우주론에 대한 기초를 모두 익힌 셈이다. 상대성이론을 생각하면서 우주론을 간단히 정리해 보자.

우주론은 우주 자체를 하나의 거대한 구조로 보고 그 속에서 일어나는 모든 현상들을 규명하려는 모든 연구를 통틀어 일컫는 학문의 영역이다. 우주의 시작에 해당하는 빅뱅으로부터 현재 그리고 미래를 포함하는 전 우주의 진화과정을 연구하는 학문이기도 하다. 우주에 대한 의문은 인류의 시작과 더불어 시작되었다. 학문으로 체계화되기 훨씬 오래 전 선사시대까지 거슬러 올라간다. 인류가 하늘을 올려다 본 그 첫 순간부터 우주에 대한 의문이 시작되었다고 할 수 있다. 별들이 가득 새겨져 있는 고대의 동굴벽화나 암각화 등에서도 그 흔적을 찾을 수 있다. 빛이 하늘에 있었으며, 낮에는 태양이 그리고 밤에는 별들이 온 하늘을 밝히고 있었다. 천체들의 규칙적인 운동에 신화를 부여하기 시작했다. 신화로 우주를 해석하고 이해하기 시작했다. 모든 대륙에는 그들만의 신들이 있었고, 신들의 이야기가 전해져 내려오고 있다. 인류의 첫 번째 문학으로 널리 알려져 있는 호메로스의 일리아스와 오디세이아, 인도의 브라흐마, 중국의 반고 그리고 한국의 마고할미와 단군신화 등이 그렇다. 신들의 세상에서 인간은 언제나 초라하고 무기력한 그런 존재였다. 신들에 의지해 신탁으로 답을 구하는 동안 안개처럼 베일에 싸인 신의 장막 속 진실을 찾고자 인간은 이성의 힘을 발휘하기 시작했다. 인간 스스로 우주에 대한 그리고 진리에 대한 답을 찾기 위한 긴 여정을 시작했다. 자연철학자들이 바로 그 개척의 주인공들이다. 그들이 던진 물음은 21세기 지금도 우리 인류가 가야할 방향을 제시해 주고 있다. 인류에게 던져진 근원적인 물음들은 이렇다.

- 우주는 언제, 어떻게 그리고 어디로부터 왔는가?
- 우주의 나이는 얼마인가?
- 우주를 구성하는 만물은 어떻게 생겨났는가?
- 만물의 근원은 무엇인가?
- 우주는 유한한가 아니면 무한한가?
- 우주의 미래는 어떻게 될까?

눈으로 볼 수 있는 하늘의 운행을 바탕으로 인류가 스스로 우리 자신들에게 던진 물음들이다. 이 외에도 수없이 많은 의문들이 우리들 앞에 놓여 있다. 인류의 역사를 돌이켜보면 이런 의문들을 하나씩 하나씩 해결해 나간 개척자들이 어느 시대나 존재했었다. 그리고 눈으로밖에 세상을 볼 수 없었던 인간은 과학기술의 힘으로 우주의 새로운 모습과 만나게 되었다. 그래서 우리의 눈을 가리고 있던 무지의 장막이 하나씩 걷히면서 점점 진리에 한 발짝 더 가까워 졌다. 지구가 우주의 중심인 줄 알았는데, 어느 한 은하계의 변방에 자리 잡은 태양이라는 별에 딸린 자그마한 암석덩어리! 지구의 실체다. 칼 세이건이 '창백한 푸른 점'이라고 불렀던 바로 자그마한 행성이 우리가 살고 있는 지구다. 21세기 오늘을 살고 있는 우리가 발견한 우리의 참모습이다. 하지만 여전히 우주의 본질에 대한 의문들은 우리와 함께하고 있으며 현재진행형이다.

우주는 빅뱅, 즉 대폭발로 시작되었으며, 그 여파로 지금도 우주는 끊임없이 팽창하고 있다. 하지만 대폭발 이전의 우주는 어땠을까하는 의문은 여전히 남아있다. 우주의 유한성과 무한성? 어느 누구도 아직 우주 전체를 본 사람이 없다. 우리는 우주로부터 지구를 향해 날아들어 오는 무수히 많은 자료들로부터 우주의 크기와 역사 그리고 미래를 과학적 분석을 통해 예측한다. 우주가 보내 준 신호로부터 얻은 결론은 우주의 크기와 나이가 유한하다는 것이다. 우주의 나이는 138억년이고 우주의 크기는 빛이 이 기간 동안 달려간 거리와 같다. 우주를 구성하는 물질의 근원 역시 대폭발로부터 시작된다. 에너지가 질량을 가진 물질로 또 물질이 에너지로 변환되면서 원자, 분자 그리고 별, 은하 등이 생겨났다. 우리 자신도 에너지-물질 변환과정의 직접적인 산물이라고 할 수 있다. 지구상의 생명체를 구성하는 필수 원소들, 즉 수소, 탄소, 산소, 질소, 칼륨, 황, 인, 철, 마그네슘 등이 모두 별에서 만들어진 원소들이다. 이 원소들은 모두 원자들로 구성되어 있고 또 원자는 원자핵과 전자로 이루어져 있다. 원자핵은 양성자와 중성자 그리고 이들은 또 다시 쿼크들로 구성되어 있다. 이것이 고대로부터 인류가 그렇게 찾고자 했던 만물의 근원이다. 우주의 미래는 또 어떻게 될까? 이 문제는 암흑물질, 암흑에너지, 그리고 우주공간이 평탄한지, 양의 곡률을 가지는지 아니면 음의 곡률을 가지는지 등 암흑의 저 우주 속이 무엇으로 가득 차 있는지 또 어떤 구조를 가지는지 그 실체가 드러나야지만 해결될 수 있는 문제다. 최근에는 또 다양한 우주론이 대두되고 있다. 우리 우주 바깥에 또 다른 우주가 존재하는 것은 아닐까? 우리 이 외에 수없이 많은 우주가 존재하는 것은 아닐까? 여기에서는 우리와 다른 물리법칙이 지배하는 것은 아닐까? 우주 바깥이나 우리 인식 너머의 세상에 대한 다양한 추측은 언제나 가능하지만 그것을 증명할 수 있는 실질적인 방법은 그 어디에도 존재하지 않는다. 아직은! 이것이 또 다른 신화의 시작이다. 신화가 진리로 그리고 실체로 밝혀질 때까지 우리 인류는 또 다른 역사를 써내려갈 것이다. 인류가 존재하는 한! 그것이 인류가 존재하는 이유이자 의미가 아닌가 싶다.

에필로그

　현실감을 전혀 느낄 수 없는 상대성이론! 하지만 우주라는 단어가 등장하는 곳이면 어김없이 등장하는 레퍼토리, 공상과학영화의 단골메뉴로 이미 정평이 나있는 과학이야기의 핵심에 바로 상대성이론이 있다. 아인슈타인은 과학자의 대명사가 된지 이미 오래 전이다. 우리는 왜 이렇게 아인슈타인의 상대성이론에 흥미를 느낄까? 상대성이론에서 다루는 주제나 내용들이 우리들의 호기심을 자극하기에 충분하지만 그것만으로 이렇게 어려운 과학이론에 관심을 가진다는 것은 쉬운 일이 아니다. 과학자들조차 어려워하는 분야인데 도대체 무엇 때문에 전 세계 사람들은 상대성이론에 이렇게 열광하는 것일까? 혹, 완전히 이해되지 않기 때문은 아닐까? 알듯 말듯 손에 잡힐 듯 말듯 한 그것 때문에 또 어떤 것을 이해한 줄 알았는데 돌아서자마자 마치 꽉 쥔 손 안에 있는 모래가 스르르 빠져나가듯이 사라지고 마는 신기루 같은 존재이기 때문에 더 더욱 신기해하고, 또 매력을 느끼는 게 아닌가 싶기도 하다. 상대성이론은 이렇게 현실과 동떨어진 우주의 원리에 관한 이야기다. 마치 신화처럼 그렇게 사람들은 상대성이론에 매력을 느끼는 것 같다. 빛의 속도로 전달되는 중력파, 초광속 비행으로 공간을 넘나드는 우주선, 미래에서 온 우주인, 과거로의 여행, 서로 다른 시간에 사는 존재,

공간을 뚫고 갑자기 나타나는 비행접시, 공간이동, 시간이동, 블랙홀과 웜홀 그리고 화이트홀을 이용한 초공간 여행 등 이 모든 것들이 우리를 자극하기에 충분하다. 아직까지 이런 주제들은 가능성과 불가능성 사이에 놓여 있으며, 한편으론 과학적 결론이라 할 수 있지만 다른 한편으론 공상과학영화나 소설에서나 가능한 신화와 같은 이야기들일 수도 있다. 이렇게 상대성이론은 과학과 공상의 경계에 있기 때문에 과학을 좋아하는 사람이든 그렇지 않은 사람이든 모두가 관심을 가지는 것이 아닌가 생각된다.

상대성이론은 이렇게 시작되었다. 빛의 속도는 절대로 변하지 않는다. 즉, 아인슈타인은 광속에 절대성을 부여하였다. 그리고 모든 물리법칙은 누구에게나 똑같이 만족되어야 한다. 그래야 법칙이라 할 수 있다. 즉, 모든 물리법칙들에 상대성원리를 부여하였다. 이 두 잣대로 세상을 해석한 것이 바로 특수상대성이론이다. 이렇게 특수상대성이론의 중심에는 바로 '빛과 빛의 속도'가 있다. 빛의 속도는 절대 변해서는 안 된다는 '광속의 절대성'은 지금까지 우리들이 알고 있던 시간과 공간에 대한 개념을 송두리째 바꿔버렸다. 시간과 공간은 만물을 담는 그릇과 만물의 변화를 표현하기 위한 수단으로 실제 일어나는 현상에는 아무런 영향을 끼치지 않는 그런 양들 이었다. 이 경우 시간과 공간은 현상들과는 아무런 상관관계를 가지지 않는 완전히 독립적인 것들로 '절대시간'과 '절대공간'이 된다. 아직도 우리는 이런 시간과 공간 개념을 바탕으로 세상을 바라보고 있다. 그런데 아인슈타인은 광속의 절대성을 유지하기 위해서는 시간과 공간은 절대성을 버리고 상대운동에 의존하는 상대성으로 서로 얽혀야 됨을 특수상대성이론을 통해 보였다. 보통의 속도에서는 시간과 공간은 서로 독립적인 것처럼 보일지라도 속도가 점점 빨라져 빛의 속도에 가까워지면 시간과 공간은 '시공간'이라는 하나의 양으로 작동하게 된다. 그 결과로 나타나는 현상이 바로 시간지연효과와 길이수축효과이다. 시간과 공간은 더 이상 고정되어 있지 않고 늘어나거나 줄어들 수 있는 그런 존재가 된 것이다. 아인슈타인은 운동 상태에 따라 시간과 공간이 함께 변하는 이상한 우주로 우리 모두를 초대했다. 조금은 어리둥절하지만 우리는 이런 우주를 싫어하지는 않는다. 또 시공이 변하는 이상한 우주나 타임머신을 타고 시공간을 가로지르는 여행에 대해 서로 이야기하기를 좋아한다. 왜냐하면 어느 순간 과학의 세계를 넘어 공상과 상상의 세계에 다다르기 때문이다.

광속의 절대성은 또 다른 대상으로 옮겨갔다. 바로 중력이 전달되는 속도다. 중력은 눈 깜짝할 사이 순간적으로 전달된다는 것이 뉴턴의 주장이다. 광속은 우주의 최고 속도인데, 눈 깜짝할 사이라는 것은 거의 무한대의 속도를 의미하는데, 이것은 분명 광속의 절대성을 위배하는 것이다. 아인슈타인은 이것을 절대 용납할 수 없었다. 그래서 중력이라는 힘에 대해 관심을 가지기 시작했다. 무한대의 속도 문제를 어떻게 하면 해결할 수 있을까? 중력은 질량을 가진 물체들 사이에 작용하는 힘인데, 도대체 이 힘은 어떻게 전달될까? 속도는 유한할까 아니면 정말 무한대일까? 오랜 연구 끝에 아인슈타인은 질량을 시공의 곡률로 해석할 수 있는 일반상대성원리를 완성했다. 여기서 아인슈타인은 두 물체 사이의 텅 빈 공간을 통해 전달되는 힘이 중력이 아니라 질량에 의한 시공간의 곡률 때문에 나타나는 겉보기 힘 그 자체가 중력이라는 것을 발견했다. 이렇게 해서 아인슈타인은 중력의 원인과 중력의 전달속도 문제를 말끔하게 해결할 수 있었다. 아인슈타인은 여기에 만족하지 않고 자신의 발견을 증명하기 위해 또 다른 문제에 도전했다. '만약 빛이 태양 근처를 지나가면 그 진행경로가 휘어질 것'이라고 예측했다. 빛은 질량이 0인데도 중력의 영향을 받는다는 주장은 분명 아인슈타인의 도전이 아닌 도발이었다. 하지만 뉴턴의 중력법칙을 위배하는 이 무모한 도전은 곧 바로 진리의 자리를 차지했다. 태양 근처를 지나는 빛의 경로가 실제로 휘었던 것이다. 이 사건으로 아인슈타인은 '오늘날의 아인슈타인'이 되었다.

빛에 이끌리어 빛을 따라가며 본 우주의 이야기를 우리들에게 들려 준 아인슈타인! 이 빛은 또 어느 누구를 선택할까? 그리고 어디로 데리고 갈까? 우리는 아직도 빛을 완전히 이해하지 못하고 있다. 빛은 질량도 없으며, 우주 최고의 속도인 광속으로 진공 속을 달려가며, 파동과 입자가 함께 어우러져 끝없이 전 우주를 횡단하는 무법자, 진리의 프로메테우스! 여러분 중에 누가 또 이 빛과 동행하며 지금까지 어느 누구도 가보지 못했던 우주의 대양을 항해하게 될까? 빛과의 여행은 아직 끝나지 않았다. 인류와 빛이 존재하는 한 그 여행은 영원히 지속될 것이다.

찾아보기

키워드로 풀어 쓴 상대성 이론

인쇄 | 2020년 11월 15일
발행 | 2020년 11월 20일

지은이 | 이 종 덕
펴낸이 | 조 승 식
펴낸곳 | (주)도서출판 북스힐

등 록 | 1998년 7월 28일 제22-457호
주 소 | 서울시 강북구 한천로 153길 17
전 화 | (02) 994-0071
팩 스 | (02) 994-0073

홈페이지 | www.bookshill.com
이메일 | bookshill@bookshill.com

정가 16,000원

ISBN 979-11-5971-314-9